童趣「AI」
——机器人设计与编程

《童趣「AI」——机器人设计与编程》编委会 编

苏州市姑苏区科协少儿科普项目

河海大学出版社
·南京·

图书在版编目（CIP）数据

童趣"AI"：机器人设计与编程 /《童趣"AI"——机器人设计与编程》编委会编． －－ 南京 ：河海大学出版社，2023.12

ISBN 978-7-5630-8837-9

Ⅰ.①童… Ⅱ.①童… Ⅲ.①机器人－程序设计－中小学－教材 Ⅳ.① G634.931

中国国家版本馆 CIP 数据核字（2023）第 256763 号

书　　名	童趣"AI"——机器人设计与编程	
	TONGQU "AI"——JIQIREN SHEJI YU BIANCHENG	
书　　号	ISBN 978-7-5630-8837-9	
责任编辑	张　媛	
特约校对	周子妍	
封面设计	徐娟娟	
出版发行	河海大学出版社	
地　　址	南京市西康路 1 号（邮编：210098）	
网　　址	http://www.hhup.com	
电　　话	025-83737852（总编室）　025-83722833（营销部）	
经　　销	江苏省新华发行集团有限公司	
排　　版	南京布克文化发展有限公司	
印　　刷	广东虎彩云印刷有限公司	
开　　本	718 毫米 ×1000 毫米　1/16	
印　　张	8.75	
字　　数	100 千字	
版　　次	2023 年 12 月第 1 版	
印　　次	2023 年 12 月第 1 次印刷	
定　　价	80.00 元	

编委

周建中	陈 晔	柏 毅	吴 敏
杨 军	杨 玲	徐 丹	杨明晔
钱 晨	沈 萍	张莹洁	陈 欣
刘 琰	丁澄艺	金卫国	莫 彪
芦 斌	钟焱鑫	盛 芳	杨育贤
苏华平	秦明荣	袁艺芯	周剑秋
李 荔			

目录

第一部分 搭建

主题一　零件清单 003

主题二　梁 006
　　活动一　有趣的孔 006
　　活动二　我是桥梁设计师 007
　　活动三　椅子搭搭乐 008
　　活动四　秋千荡起来 010
　　活动五　变形计 012
　　活动六　跷跷板 014

主题三　齿轮 016
　　活动一　风扇转转转 016
　　活动二　手动打蛋器 018
　　活动三　有趣的跳舞机 020
　　活动四　时钟滴滴答 021

主题四　轮子和履带 023
　　活动一　惯性摩托车 023
　　活动二　四轮小车 025
　　活动三　坦克大战 026
　　活动四　智能机器人 028

第二部分　编程

主题一　介绍 ……………………………………………………………… 033
 一、控制器 ………………………………………………………… 033
 二、软件 …………………………………………………………… 039
 三、散件 …………………………………………………………… 048

主题二　小车动起来（简单） …………………………………………… 051
 活动一　用主机操控小车（试车） ……………………………… 051
 活动二　编程操控小车（前进） ………………………………… 054
 活动三　前后往复运动 …………………………………………… 059
 活动四　转弯 ……………………………………………………… 061
 活动五　往返跑 …………………………………………………… 066
 活动六　绕桩跑 …………………………………………………… 070

主题三　工具车（复杂） ………………………………………………… 073
 活动一　认识垃圾车 ……………………………………………… 073
 活动二　搭建车体 ………………………………………………… 074
 活动三　抓取功能 ………………………………………………… 076
 活动四　倾倒功能 ………………………………………………… 079
 活动五　点阵屏功能 ……………………………………………… 083
 活动六　声音功能 ………………………………………………… 087

主题四　传感器（智能） ………………………………………………… 089
 一、触碰传感器 …………………………………………………… 089
 二、地面灰度传感器 ……………………………………………… 091
 三、红外测距传感器 ……………………………………………… 101
 拓展　设计并完成综合任务 ……………………………………… 104

第三部分　机器人设计与比赛程序编写

 一、"夏季水上运动会" …………………………………………… 107
 二、机器人设计建造 ……………………………………………… 109
 三、任务程序 ……………………………………………………… 114

第一部分

搭建

主题一　零件清单

【单元概述】

1. 认一认：零件清单
2. 分一分：按类型分装
3. 拓展：相似的零件比一比

2 孔梁	3 孔梁	5 孔梁
7 孔梁	11 孔梁	弯梁（135°）
弯梁（90°/L 形梁）	方形梁	U 形梁
2 号轴	3 号轴	4 号轴

003

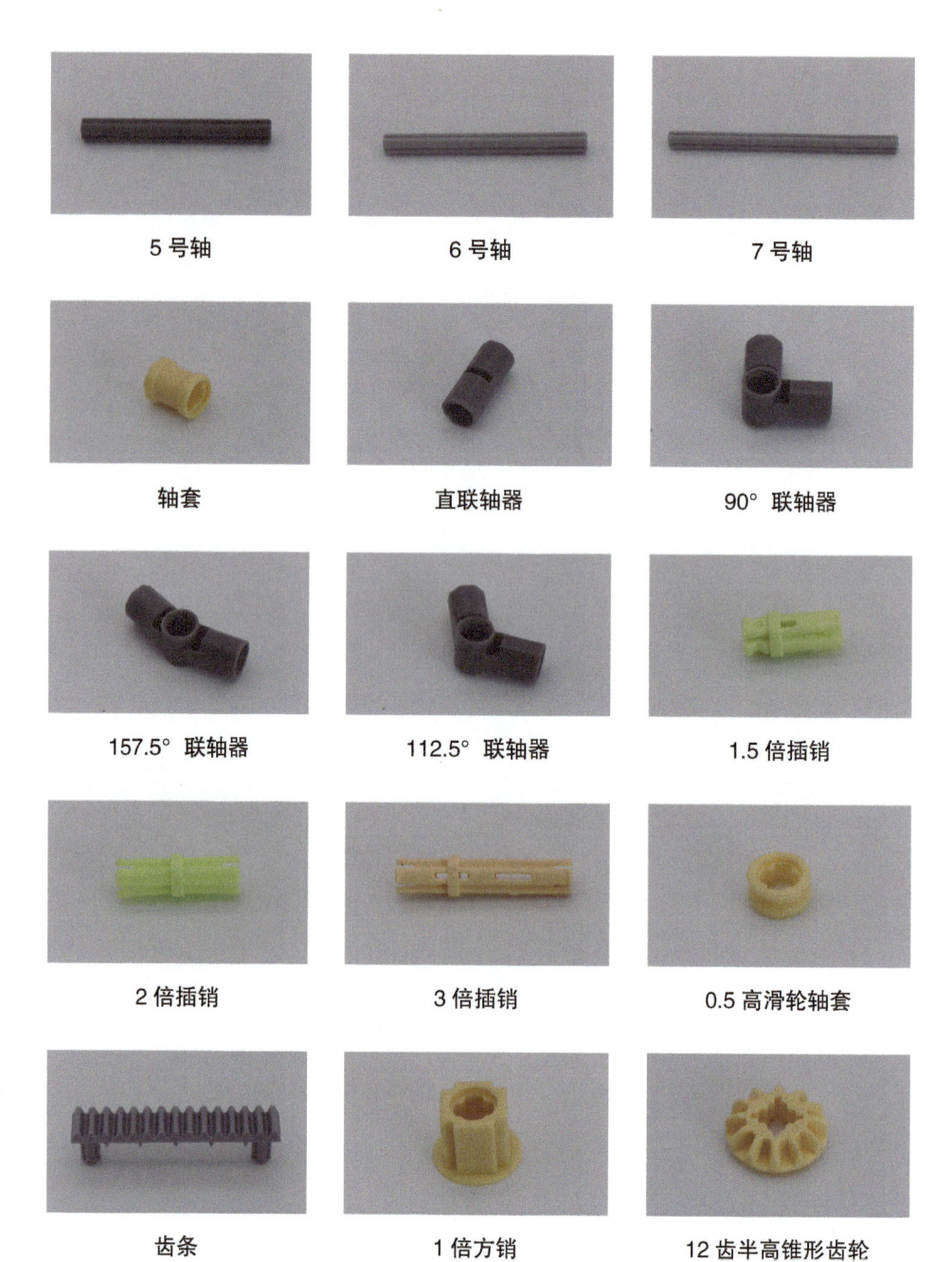

5 号轴	6 号轴	7 号轴
轴套	直联轴器	90°联轴器
157.5°联轴器	112.5°联轴器	1.5 倍插销
2 倍插销	3 倍插销	0.5 高滑轮轴套
齿条	1 倍方销	12 齿半高锥形齿轮

20齿半高锥形齿轮	12齿锥形齿轮	8齿直齿轮
16齿直齿轮	24齿直齿轮	蜗杆
链轮	履带	通用底盘
电机转接支架		

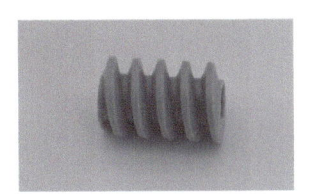

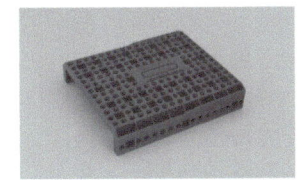

主题二　梁

【单元概述】

梁按形状分为：直梁、弯梁、方形梁和 U 形梁。

根据孔数量的不同，直梁又可分为 2 孔梁、3 孔梁、5 孔梁、7 孔梁和 11 孔梁。

活动一　有趣的孔

1. 拼一拼

现在有两根 11 孔梁、一个 2 倍插销，你能将它们组合起来吗？

2. 画一画

把你所拼的结构画在下面的方框里。

3. 试一试

请你捏住一根梁，另一根梁能转动吗？

4. 出示知识点

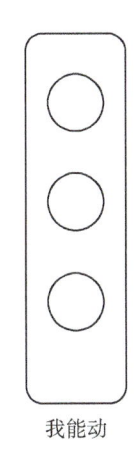

我能动　　　　　　我不能动

5. 比一比

谁搭得更长？

小贴士 别忘了梁的两端也有连接孔哦！

活动二　我是桥梁设计师

1. 拼一拼

现在有三根 11 孔梁，自选销，用它们搭建一个桥面吧。

2. 填一填

梁（根）	销（个）	是否牢固

小贴士 3倍插销比2倍插销节省材料、节省孔位，还能减重。

3. 说一说

你为什么这么搭？

4. 拓展

试着用梁和销拼一拼1、2、3、4、5、6、7、8、9、0这些数字吧。

1234567890

活动三　椅子搭搭乐

1. 说一说

一把椅子由哪些部分组成呢？

（凳面、腿、靠背等）

2. 拼一拼

现在有一些 L 形梁，自选直梁和销，你能搭出一把椅子吗？

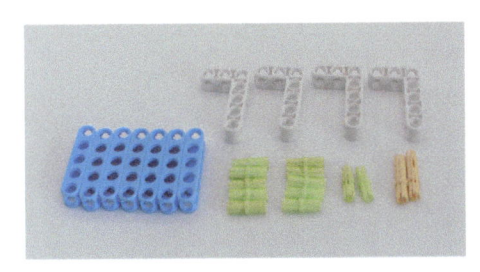

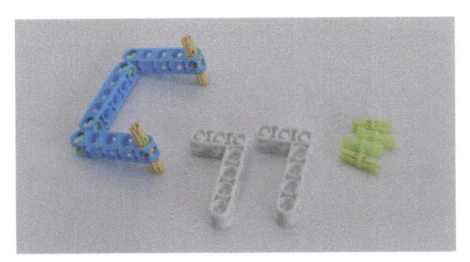

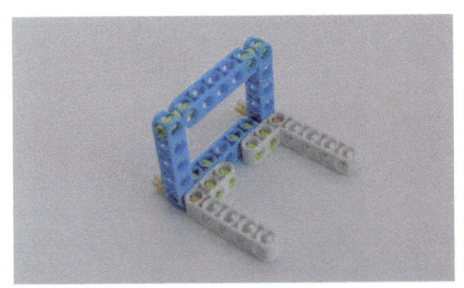

3. 拓展

基于本次搭建的椅子，你能将它改良成以下的椅子吗？

（1）矮脚凳

（2）成人凳

（3）扶手凳

活动四　秋千荡起来

1. 说一说

一个秋千由哪些部分组成呢？

（支架、座椅、连接等）

2. 拼一拼

给出所需零件，你能搭出一个秋千吗？

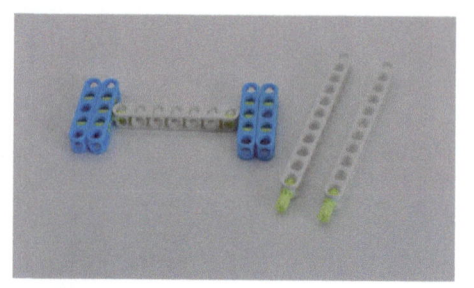

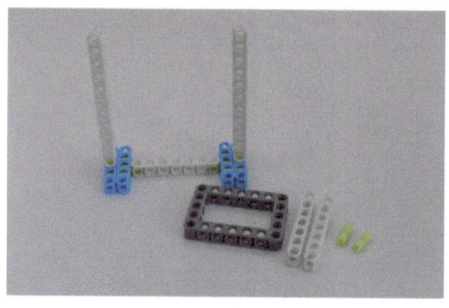

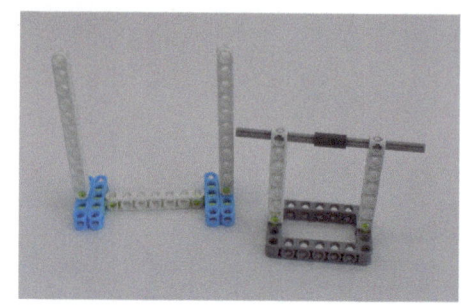

小贴士 "秋千"的支架在使用过程中受到很大的外力，因此在设计时要考虑支架结构的强度和稳定性。悄悄告诉你，三角形的结构会更稳定哦！

3. 拓展

基于本次搭建的秋千，你能将它改良成结构更稳定的秋千吗？

活动五　变形计

1. 说一说

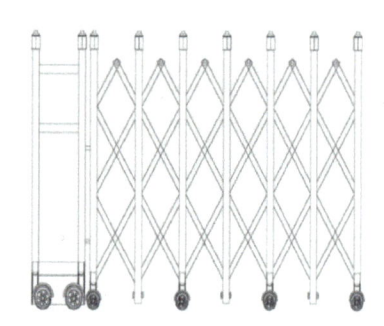

你看到了什么图形？你会用梁把它搭建出来吗？

2. 拼一拼

给出所需零件，你能搭出一个伸缩门吗？

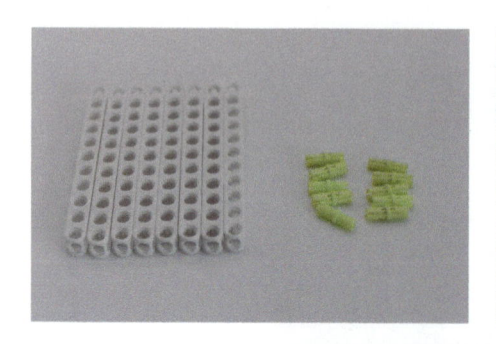

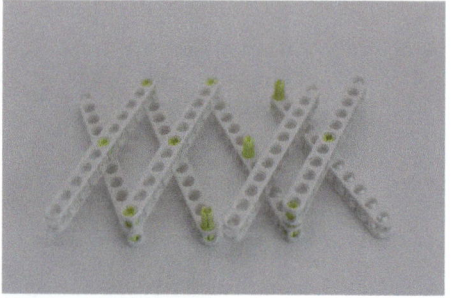

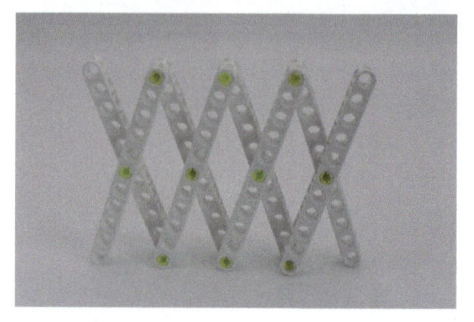

小贴士 伸缩门利用平行四边形的不稳定性原理,使得伸缩运行的时候灵活平稳,行程也能更远。

3. 拓展

下面这些物品也利用了平行四边形的不稳定性,你能试着搭一搭吗?

升降台

可伸缩书立

伸缩剪刀手

折叠衣架

活动六　跷跷板

1. 说一说

一个跷跷板由哪些部分组成？（底座、支架、悬挂杆）

2. 拼一拼

给出所需零件，你能搭出一个跷跷板吗？

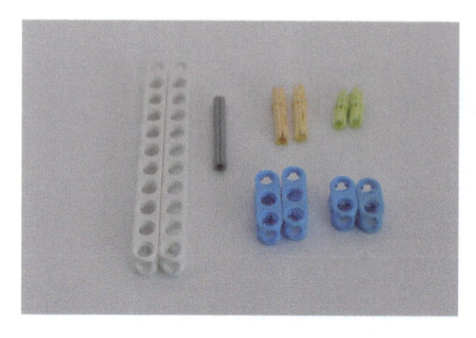

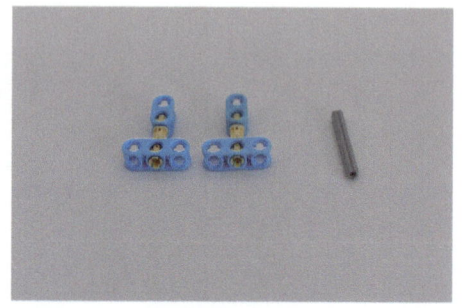

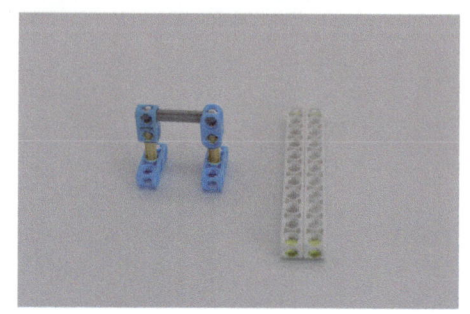

> **小贴士** 跷跷板利用了杠杆原理，一定要注意支点的选择。

3. 拓展

生活中还有很多物品用到了杠杆原理，你能搭一搭并说一说吗？

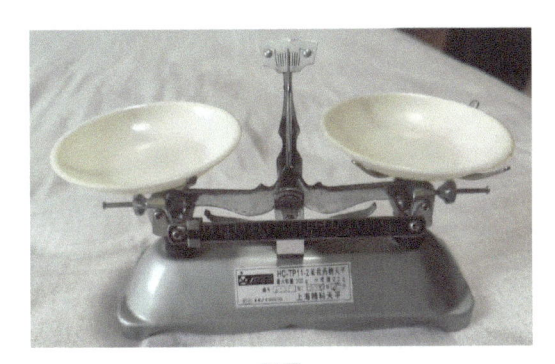

天平

投石机

剪刀

主题三　齿轮

【单元概述】

赛车为什么可以开得这么快？

你还可以让它开得更快吗？

齿轮的主要作用是传送动力，不同的齿轮组合可以起到不同的作用，如加速、减速、变向都是可以的。齿轮的应用十分广泛。汽车、轮船、飞机、钟表等，只要你能想到的机械，几乎都有齿轮。

活动一　风扇转转转

1. 说一说

你知道一个手摇风扇是由哪些部分组成的吗？
（握柄、手摇柄、扇叶）

> 小贴士　两个齿轮啮合可以传递动力哦!

2. 拼一拼

给出所需零件,你能搭出一个手摇风扇吗?

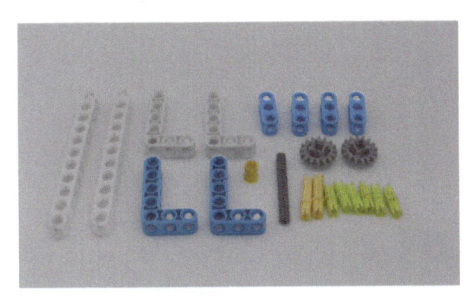

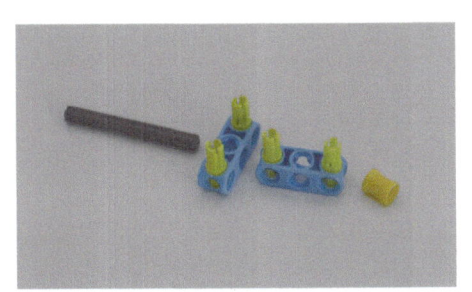

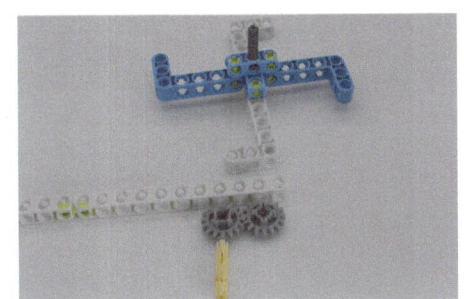

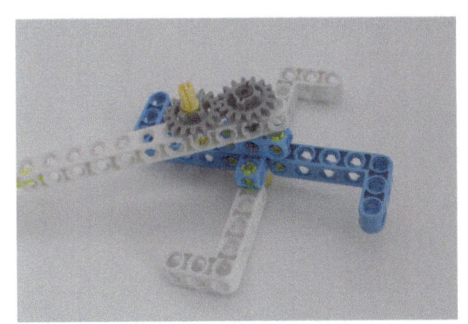

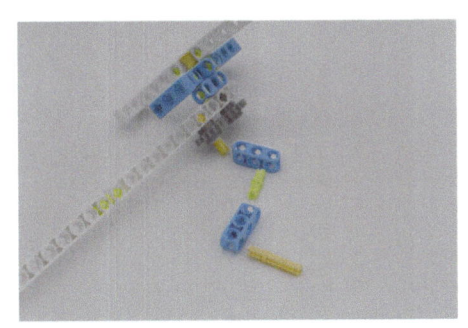

017

3. 拓展

改变两个齿轮的位置，你有什么发现？

活动二　手动打蛋器

1. 说一说

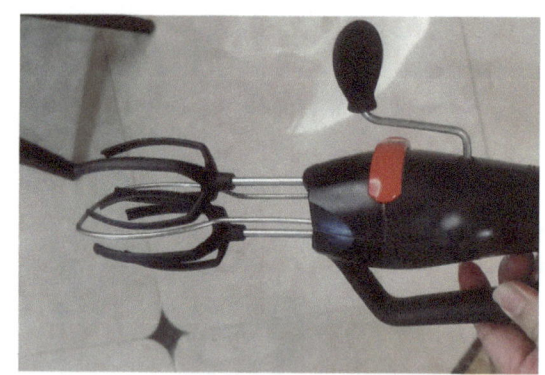

你知道手动打蛋器的工作原理吗？

> **小贴士** 齿轮啮合还可以垂直传送动力。

2. 拼一拼

给出所需零件，你能搭出一个手动打蛋器吗？

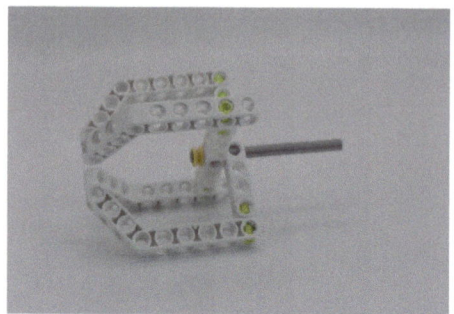

3. 拓展

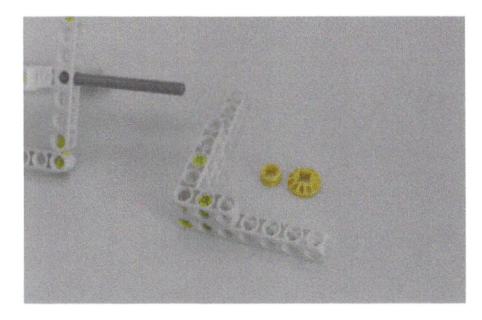

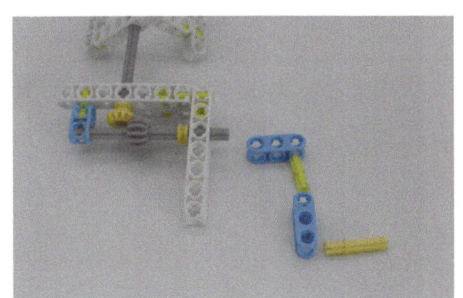

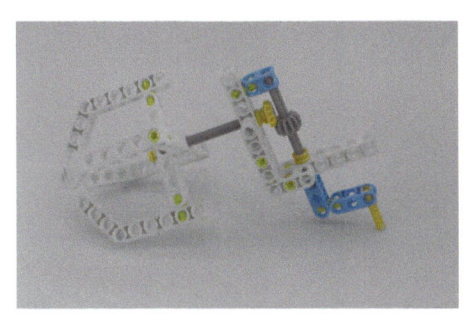

（1）齿轮组的作用是什么？　　（　　）

A. 改变传动方向

B. 单纯传动

C. 加固

（2）打蛋器的作用是什么？　　（　　）

A. 发电

B. 打匀鸡蛋

C. 加速

活动三　有趣的跳舞机

1. 说一说

你知道跳舞机的工作原理吗？

小贴士 3个齿轮的齿轮组也可以传送动力，中间的齿轮是一个惰轮。

2. 拼一拼

给出所需零件，你能搭出一个跳舞机吗？

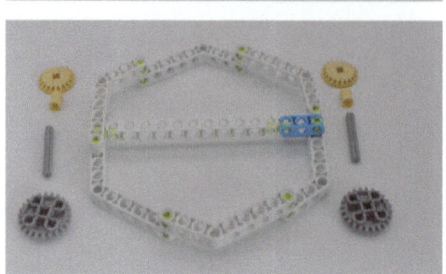

(图中小动物为学生黏土手工作品)

3. 拓展

你可以试着改变其中一个舞者的旋转方向吗？

仔细思考齿轮的个数与舞者旋转方向的关系，你能试着画一画各个齿轮转动的方向吗？

添加齿轮个数，你能找到齿轮旋转方向的规律吗？

活动四　时钟滴滴答

1. 说一说

你知道时钟的工作原理吗？

小贴士 蜗杆的传动只能单向。

2. 拼一拼

给出所需零件，你能搭出一个时钟吗？

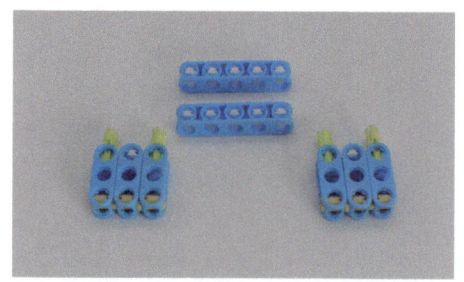

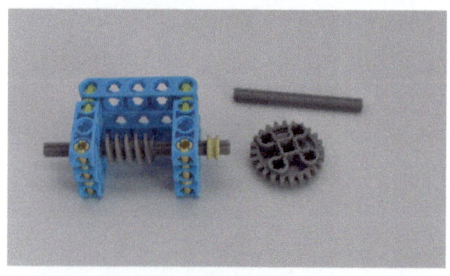

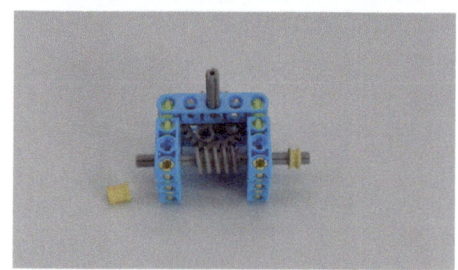

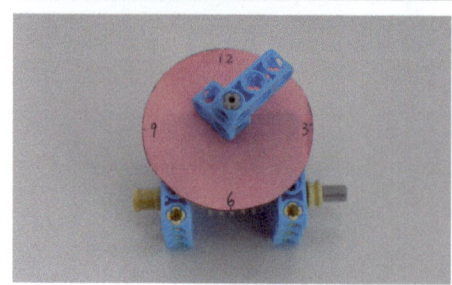

（图中粉色钟面为学生另行制作）

3. 拓展

你能运用齿轮组的结构，让时针和分针分别以不同的速度旋转吗？

主题四　轮子和履带

【单元概述】

你知道坦克是怎么前进的吗？

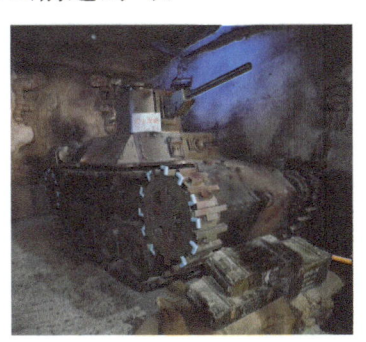

坦克装上履带，是为了增大受力面积以减少压强。履带与地面的接触面积比轮子与地面的接触面积要大得多，使用履带后，坦克行进在泥泞路段或沼泽地就不会陷下去。

装履带主要是使坦克的越野能力更强，可以过沟、过矮墙、爬坡，这些是轮式交通工具所不能比的，但在公路上坦克就不如轮式交通工具如汽车行驶得快了。

活动一　惯性摩托车

1. 说一说

你知道什么是惯性摩托车吗？

小贴士 惯性是指物体保持原来运动状态不变的属性。惯性的大小只与物体的质量有关。

2. 拼一拼

给出所需零件，你能拼搭出一辆惯性摩托车吗？

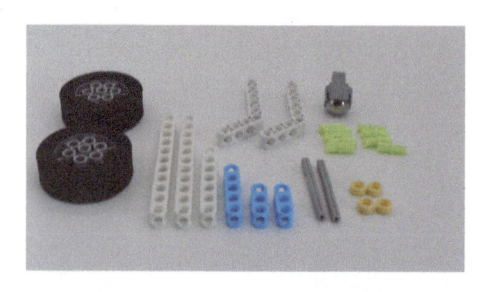

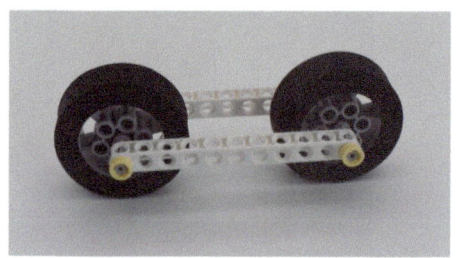

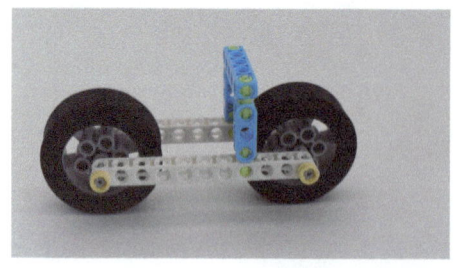

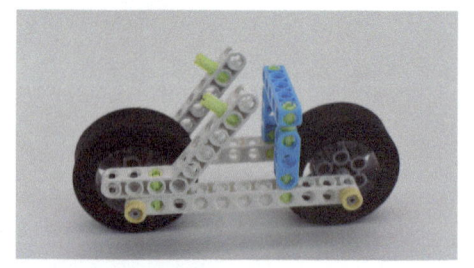

3. 拓展

你能改造这辆摩托车，让它更加美观同时不影响它行驶时的平稳性吗？比一比改造前后滑行的距离吧！

活动二　四轮小车

1. 说一说

小贴士 万向轮就是所谓的活动脚轮,它的结构允许水平360°旋转。

2. 拼一拼

给出所需零件,你能拼搭出一辆四轮小车吗?

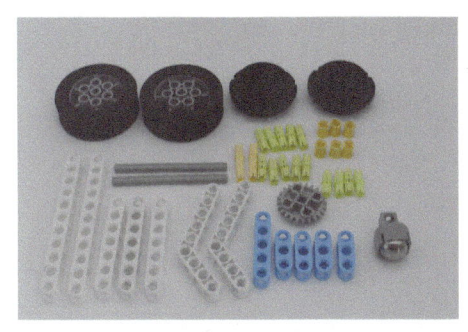

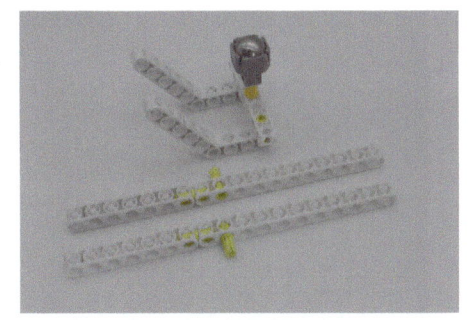

3. 拓展

你能在这辆小车上添加手摇柄，让它动起来吗？

你能继续添加齿轮组，让它的速度更快或更慢吗？

活动三　坦克大战

1. 说一说

小贴士　履带是由主动轮驱动，围绕着主动轮、负重轮、诱导轮和托带轮的柔性链环。

2. 拼一拼

给出所需零件，你能拼搭出一辆坦克吗？

027

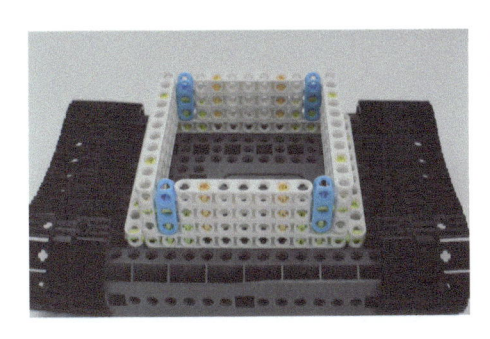

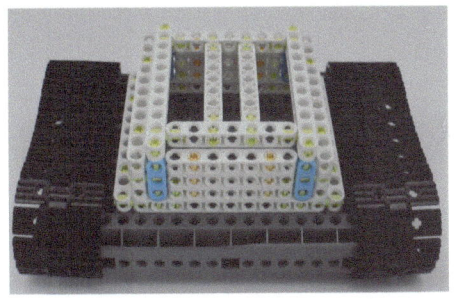

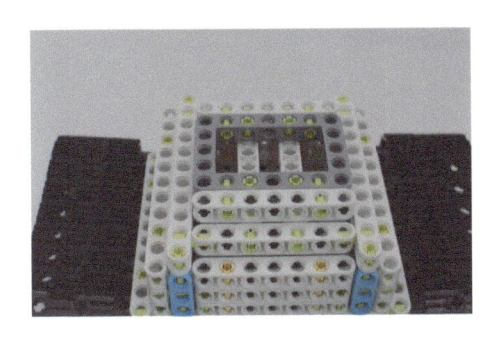

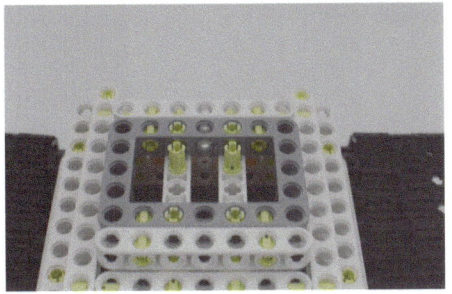

3. 拓展

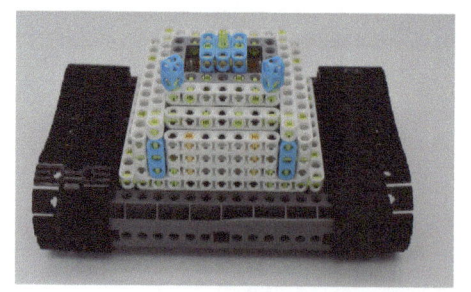

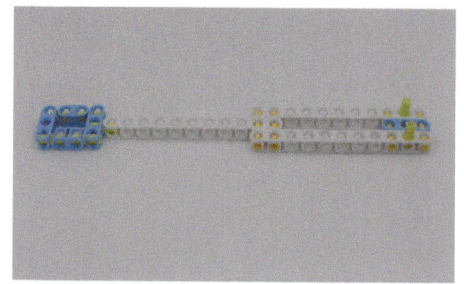

生活中，你还知道履带的其他应用吗？

你能试着搭一搭吗？

活动四 智能机器人

1. 说一说

你知道什么是智能机器人吗？

> 小贴士 智能机器人有相当发达的"大脑",在脑中起作用的是中央处理器,可以根据指令控制机器人的动作。

2. 画一画

我的设计

3. 拼一拼

你能根据自己的设计,将智能机器人搭建出来吗?

4. 拓展

你希望这个机器人还有哪些功能?把你的想法写下来吧!

第二部分

编程

主题一　介绍

【单元概述】

　　MC901 控制器和 AI Module 软件是上海鲸鱼机器人科技有限公司推出的控制器和软件。MC901 控制器不仅可以满足日常机器人教学，而且能满足各种机器人竞赛和科技创新等多种应用环境。

一、控制器

　　同学们看，这就是我们机器人的控制器。它是机器人的大脑，可以接收传感器反馈的数据，通过程序处理和分析，控制机器人的执行器做出相应的动作和反应，是机器人最核心的组成部分。

　　控制器的两侧为舵机、传感器接口，顶端为电机口，底端为电源口（充电口）、USB 下载口和扬声器口，正面为显示屏和 4 个按键，背部是电池。

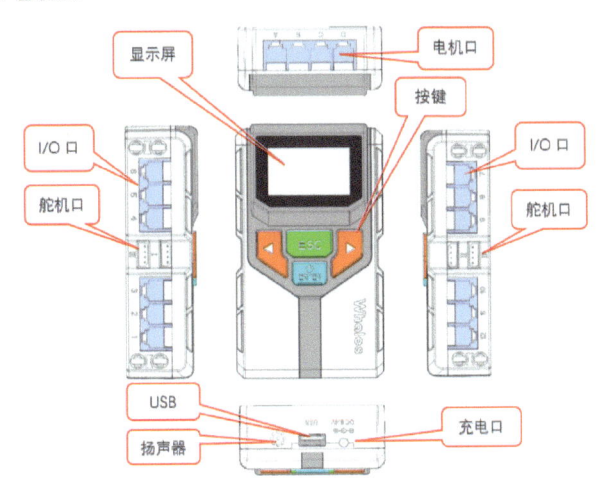

033

1. 正面

（1）显示屏

显示选择的界面（详见界面部分）。

（2）按键

按键共4个，分别是：

①开机及运行程序合用键（ENTER）。长按 ENTER 键（约2秒）开机和关机。当我们长按任何按键都没有反应时，那么控制器可能死机了，此时需要彻底切断电源（拔下适配器、取下电池），再接通电源即可重新开机。同时它也是选择按键。

②返回键（ESC）。即返回上一级的按键。

③左选择键。即向左选择的按键。

④右选择键。即向右选择的按键。

2. 背部

背部是一块电池。电池安装在主机上，可用适配器直接连接主机进行充电，也可拆下电池，用适配器对电池进行充电。

3. 顶端

顶端有 A、B、C、D 4 个电机接口。

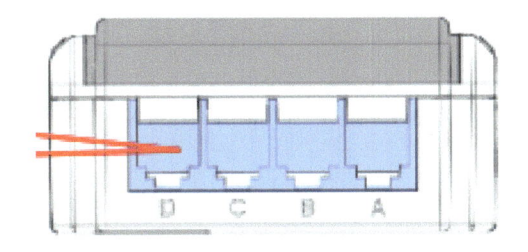

4. 两个侧面

① 12 个传感器接口。

② 4 个舵机接口。

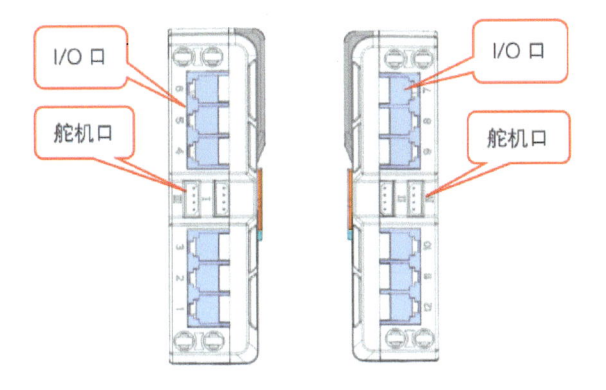

5. 底端

（1）电源口（充电口）

将电池安装在控制器上，使用电源口充电，在开机和关机状态下都可以充电。适配器上的指示灯为红色时表示正在充电，电池充满后变为绿色。

（2）扬声器口

（3）USB 下载口

USB 接口有两种工作模式：一是 U 盘下载模式；二是在线调试模式。

6. 界面

（1）文件界面

程序是按照下载时间排序的，方便我们查找。在这个界面上，我们可以通过左、右键选择不同的程序，被选中的程序会出现在左、右箭头之间，按 ENTER 键选中，就可以运行了。在程序运行过程中，按 ESC 键程序将终止运行，并返回主界面。

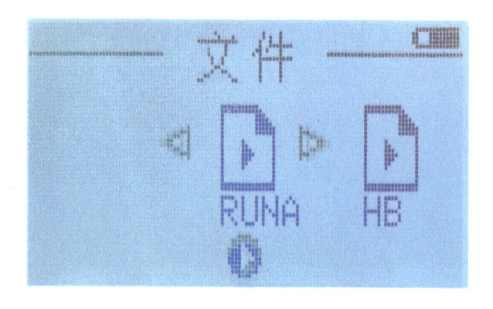

（2）输入界面

如图所示为输入界面，1～12 代表 I/O 口号，对应的数字"0"表示对应端口实时采集的模拟输入值，图片显示的 0 表示没有传感器接入或实时采集数据为 0。MC901 控制器 AI 的返回值范围是 0～4000。端口的模拟输入功能是传感器输入测试功能，只需读取数值，没有下一步操作。

注意：MC901 控制器的 I/O 口具备多种功能，因此电路上存在复用现象，当进行 AI 检测时，需要为传感器提供 5 V 电源。

(3)电机界面

电机界面上的A、B、C、D对应电机口A、B、C、D上的电机，通过左、右按键选择其中某一个或是ALL（所有电机），按下ENTER键，可进入电机测试界面，通过左、右按键设定电机速度（范围-100～100）。使用ESC按键可返回上一级，退出电机测试界面时，对应端口的电机会立即停止。

(4)舵机界面

搜索舵机获取其ID号或者更改其ID号，并控制舵机的转动角度。将舵机接到控制器舵机口上，点击"舵机"进入"舵机搜索"，将搜索到的舵机显示到界面上，选择对应的ID号进入"舵机操作"界面。按左、右键选择修改ID号或者控制舵机转动（三角箭头不动时可选择修改ID号和舵机转动，三角箭头闪动时才可修改ID号或者控制舵机转动）。

(5) 输出界面

如图所示为数字输出测试界面，1～12 代表 I/O 口号，对应的数字表示数字输出的当前开关状态，0 表示断开，1 表示接通。

通过 ENTER 键可以实现对所有端口的开关。为保证项目模型的安全性，当退出数字输出控制时，接口会恢复到断开状态。

(6) 参数界面：可设置 EEPROM 中的参数

MC901 控制器共开辟了 0～99 共 100 个 EEPROM，内部可存储 0～4095 的整形数据，关机或断电后数据不会丢失。用户可以通过用户程序读取或更改 EEPROM 内的数值，也可以通过控制器的界面操作完成读取或更改。下面介绍通过控制器界面更改 EEPROM 值的方法，这样在需要更改一些参数、临界值时就不用重新下载程序了。

选中"参数"后按 ENTER 键进入 EEPROM 界面，会看到中间一行为 0～99，表示 EEPROM 的 0～99 号地址，下面的数值是对应地址的 EEPROM 内当前存储的值。选择某一地址按 ENTER 键，可进入数据修改界面，此时可以用左、右键调整该数值的大小。调整完毕后按 ENTER 键保存，并返回上一级。如果调整数值后没有按 ENTER 键，直接按 ESC 键，则是不保存退出，即调整不生效。

（7）设置界面

设置界面包含以下五个子界面：

①背光：控制显示屏背光板的亮灭。

②声音：控制按键声音的开关。

③蓝牙：通过配置蓝牙可使用语音遥控和 APP 遥控，具体使用方法参见"语音传感器使用介绍"和"鲸鱼遥控器 APP（安卓）使用说明"。

④语言：可以进行语言的切换，有中文、英文两种。

⑤关于：可以查看控制器当前的系统版本。

二、软件

认识了机器人的控制器，我们再来看编程软件"鲸鱼流程图编程"。首先需要从鲸鱼的官网上下载这个软件，网站地址为：https://www.whalesbot.com。

makeU
smart
AI Module
Engin Bot
WOBOT
Bionic Robots
EN
创造由此开始
CREATION STARTS FROM HERE
WhalesBot

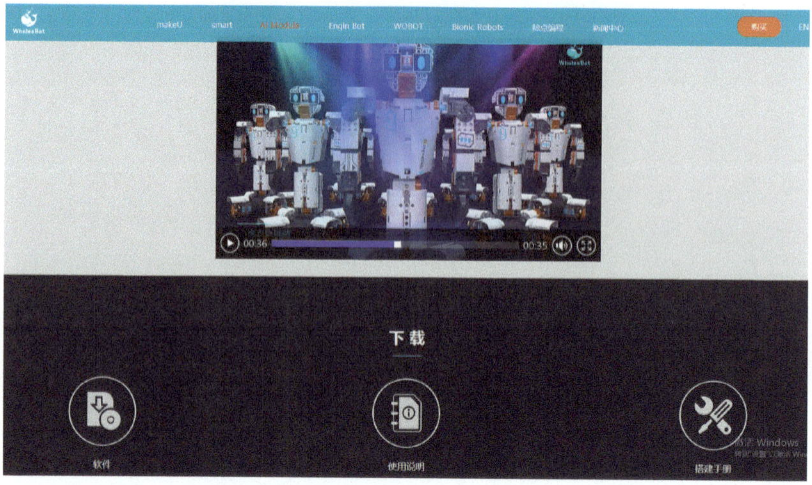
下载
软件
使用说明
搭建手册

PC端
Windows下载
鲸鱼积木编程（专业版）
Windows下载
鲸鱼积木编程（人形）
Windows下载
鲸鱼流程图编程
Windows下载
WOBOT积木编程

按照上述步骤下载软件到桌面，然后安装，"鲸鱼流程图编程"这一机器人配套软件就安装完成了。

打开软件，我们一起来认识一下软件界面，有软件版本信息、菜单栏、模块栏、程序编辑界面和代码显示区。

软件使用原则：在左侧的模块栏中选择所需的模块，拖到"主程序"下面，出现箭头连接，使用鼠标左键双击该模块，在弹出界面中完成参数设定，下载程序到控制器，运行程序，实现功能。

【示例】

①功能：A端口电机功率以80速度正转。

②对应模块：将"电机"模块拖动到主程序下方，双击"电机"模块，设定"电机A功率"为80。鼠标右击模块，可以进行复制、粘贴、删除等操作。设定完成后，可将程序下载到控制器中（"下载"选项在菜单栏中），运行程序，实现功能。

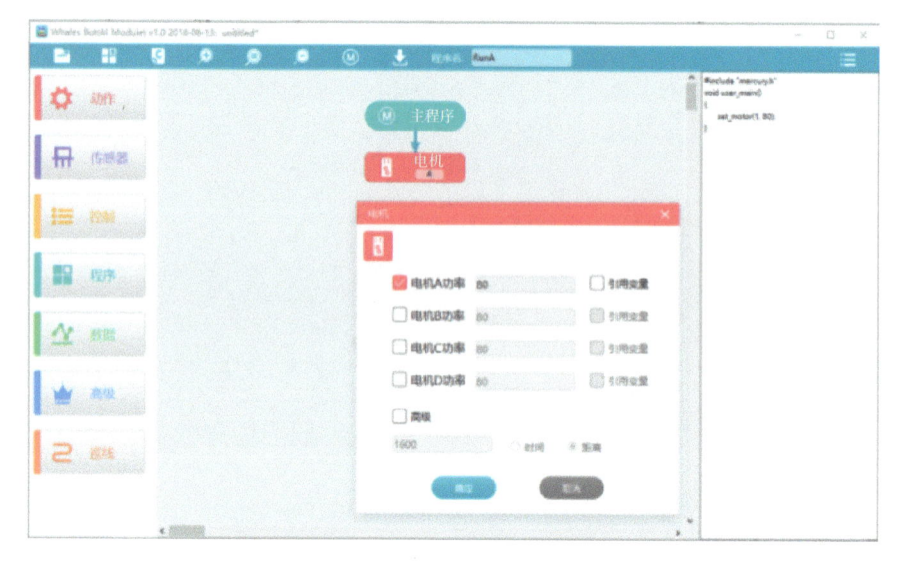

程序也可以另外保存为文件，以便后期修改再利用。选择菜单栏中的"文件"，点击"保存"选项。如果下次再要打开，仍是找到菜单栏中的"文件"，点击"打开"，找到需要打开的程序文件就可以了。

鲸鱼流程图编程软件共有七大模块库：动作模块库、传感器模块库、控制模块库、程序模块库、数据模块库、高级模块库和巡线模块库。

1. 动作模块库

模块名称	模块图	控制端口	解读
反转电机		电机口 A～D	放置在需要反转的电机模块之前，将之后的电机转向置反
电机		电机口 A～D	控制电机转动，功率范围为 –100～100（亦可通过变量控制）。高级模块可控制电机转动时间或者移动距离（1600 表示电机转动约 360°）
停止电机		电机口 A～D	勾选后对应端口的电机将停止转动
显示		—	将对应字符或变量显示到屏幕上
指示灯		I/O 口 1～12	控制对应（可多选）指示灯的亮灭
电磁铁		I/O 口 1～12	控制对应（可多选）电磁铁的吸合与断开
声音		—	将对应声音通过扬声器发出
数码管		I/O 口 2～11	将想要的数字显示在数码管上，可显示 4 位数，比赛模式每边显示两位数
彩色 LED		I/O 口 2～11	控制 RGB 灯的颜色显示
点阵屏表情		I/O 口 2～11	将模块已有的表情显示在点阵屏上，可控制两个点阵屏
点阵屏符号		I/O 口 2～11	将模块里的字符或者自定义显示在点阵屏上，可控制一个点阵屏
关闭点阵屏		I/O 口 2～11	将当前点阵屏显示的图像关闭

续表

模块名称	模块图	控制端口	解读
读数		—	将数值通过控制器读出来，一个模块最多可读6位数
舵机		485端口 I～Ⅳ	选择某一舵机或者所有舵机，以一定的速度（0～100）转到指定角度（-150°～150°）
播放动作页		485端口 I～Ⅳ	将动作编辑器里控制舵机的动作页播放出来

2. 传感器模块库

模块名称	模块图	控制端口	解读
亮度		I/O口 1～12	将对应端口亮度传感器的检测值赋值到亮度变量上
地面灰度		I/O口 1～12	将对应端口地面灰度传感器的检测值赋值到灰度变量上
火焰		I/O口 1～12	将对应端口火焰传感器的检测值赋值到火焰变量上
麦克风		—	将对应端口麦克风传感器的检测值赋值到麦克风变量上
红外测距		I/O口 1～12	将对应端口红外传感器的检测值赋值到红外测距变量上
电位器		I/O口 1～12	将对应端口电位器传感器（滑动变阻器）的检测值赋值到电位器变量上
触动开关		I/O口 1～12	将对应端口触动开关传感器的检测值赋值到开关变量上
磁敏		I/O口 1～12	将对应端口磁敏传感器的检测值赋值到磁敏变量上
温度		I/O口 2～11	将对应端口温度传感器的检测值赋值到温度变量上

续表

模块名称	模块图	控制端口	解读
湿度		I/O 口 2~11	将对应端口湿度传感器的检测值赋值到湿度变量上
超声		I/O 口 2~11	将对应端口超声传感器的检测距离值赋值到超声变量上,超声所测值单位为厘米(cm)
五灰度		I/O 口 1	将五灰度传感器的五灰度中某一灰度的检测值赋值到灰度变量上
控制器按钮		—	将控制器三个按钮(左键、右键、ENTER键)检测到的值赋值到按钮变量上(按下为1,释放为0)
计时器		—	将当前系统时间(程序从开始到当前运行的时间)赋值到时间变量上
时钟复位		—	将当前系统时间置零
录音机		I/O 口 1~12	分为录音和播放录音,通过麦克风将声音录下来,通过扬声器将录的音播放出来

3. 控制模块库

模块名称	模块图	解读
条件判断		C 语言中的 if(条件)... else ... 语句,用户可以通过设置变量、传感器、参数来控制条件。如果条件满足执行左侧分支语句,否则执行右侧分支语句
条件循环		C 语言中的 while(条件)语句,用户可以通过设置变量、传感器、参数来控制条件。如果条件满足执行循环体语句,否则跳出当前循环体
多次循环		C 语言中的 for 语句,用户可以通过参数或者引用变量来设置循环次数。循环次数代表当前循环体内语句重复执行次数
无限循环		C 语言中的 while(1)语句,表示当前循环体内语句一直重复执行

续表

模块名称	模块图	解读
循环中断		C 语言中的 break 语句，位于循环体内，当循环体内语句执行到此模块时跳出当前循环
等待		用户通过设置时间将当前程序状态保持一定时间

4. 程序模块库

模块名称	模块图	解读
新建任务		在用户程序中添加一个进程，相当于控制器同一时间在做多个任务，而且这些任务是并列执行的
新建子程序		将多个模块的程序打包成一个模块以缩减主程序的长度。可以通过该模块调用其他程序的子程序，也可以通过更改参数或者引用变量来修改子程序内部参数
子程序返回		子程序中的结束模块，使流程图外观完整，无实际意义，程序中可以不添加
结束模块		主程序中的结束模块，使流程图外观完整，无实际意义，程序中可以不添加

5. 数据模块库

模块名称	模块图	解读
数学		将用户填写的参数或者引用的变量进行一系列加减乘除运算后所得到的结果赋值到整型变量或者其他变量
随机数		定义随机数变量。参数为随机数产生区间，取值范围 0～99999。不对应执行器实物
比较		两个数值或变量进行比较，若运算成立，则逻辑变量为真，即成立
逻辑		将两个逻辑变量进行逻辑运算。"&&"运算就是两个逻辑变量都成立时则该逻辑成立；"‖"运算就是两个逻辑变量中至少有一个成立时则该逻辑成立

6. 高级模块库

模块名称	模块图	解读
数字输入		将对应端口数字传感器的检测值赋值到数字变量上，所有数字量传感器都可用此模块替代
模拟输入		将对应端口模拟传感器的检测值赋值到模拟变量上，所有模拟量传感器都可用此模块替代
数字输出		控制对应（可多选）数字执行器的开与关。所有开关量执行器都可用此模块替代
读 EEPROM		读取控制器中 EEPROM 的某一地址 (0～99) 的数值并赋值给 EEPROM 变量
写 EEPROM		将需要的参数或者引用的变量写入控制器 EEPROM 里的某一个地址下 (0～99)
图像识别		将对应端口图像识别检测到的数值赋值到图像变量上，还可选择条件循环和条件判断两种形式。具体用法参考"图像与语音使用方法"
语音识别		将对应端口语音识别检测到的数值赋值到语音变量上，还可选择条件循环形式。具体用法参考"图像与语音使用方法"
舵机角度		将对应舵机的角度值赋值到舵机角度变量上，可读取舵机角度在 –150°～150° 范围内
修改舵机ID		将已知舵机 ID 号修改为其他 ID 号（舵机侧面贴有 ID 号，或者通过控制器获得）
遥控器		将对应遥控器（安卓手机端）按键数值赋值到遥控器变量上，还可选择条件循环和条件判断两种形式。具体用法参见"AI Module9 遥控器 APP（安卓）"
自定义		用户可以在该模块中使用 C 语言编写程序。请保证语法正确，否则会带来编译错误，建议没有 C 语言基础的用户慎用
注释		为写好的程序添加注释，以方便他人或后续查看时理解
换列		将此模块后的程序换到下一列，可方便用户对程序的查看和编辑

7. 巡线模块库（详见巡线部分）

三、散件

1. 连接线

用于连接机器人控制器和执行器、传感器等。

2. 数据线

连接机器人控制器和电脑主机，将软件中的程序下载到控制器中。

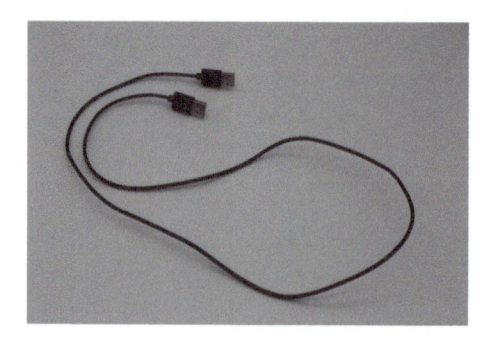

3. 充电器

对电池进行充电。

4. 执行器

像电机、点阵屏一样，不具备感知外界的能力，它们不是传感器，而是机器人的执行器。

（1）电机

就是我们平时所说的马达，它可以高速转动，让机器人运动起来。

（2）点阵屏

它又叫情感屏，由 64 个可以发光的 LED 小灯组成，通过不同的排列组合，屏上会出现不同的形状，表示不同的表情和数字。

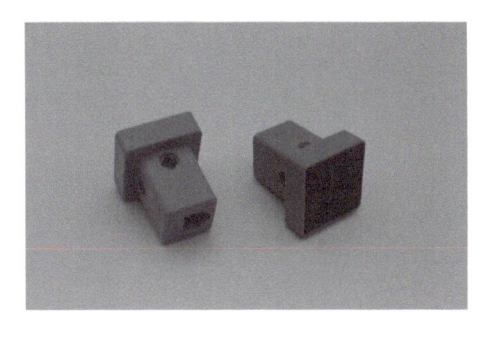

5. 传感器

像眼睛可以看到东西，像耳朵可以听到声音，像手可以触摸东西一样，机器人也有帮助它进行感知的元器件，叫作传感器。传感器是一种检测装置，能获取被测量的信息，传感器状态的改变同样会影响机器人的动作和状态。

（1）触碰传感器

它是一个可以被按下去的开关按钮，工作方式与门铃上的按钮十分相似：当它被按下时，电路接通，电流就会通过，那么你的程序就会读取触动传感器的当前状态。

（2）地面灰度传感器

它可以检测到发光灯碰到地面后反射回来的光强度，达到检测地面灰度的目的。简单来说，它可以检测不同颜色的反射光强度，从而区分场地的颜色变化。

（3）超声波传感器

它可以直接检测到障碍物的距离。

主题二　小车动起来（简单）

【单元概述】

认识了机器人的主要部件和软件界面，我们就要让机器人动起来啦。它可以实现前进、后退、转弯、掉头等动作，一起来探索吧。

活动一　用主机操控小车（试车）

1. 导入

要让小车自己动起来，需要什么呢？

我们可以给机器人配上电机，这样它就可以自己动起来了。

2. 材料清单

主机、底板、2个电机、2个轮子、2根连接线、2个轴、3个轴套、5个销、1个万向轮。

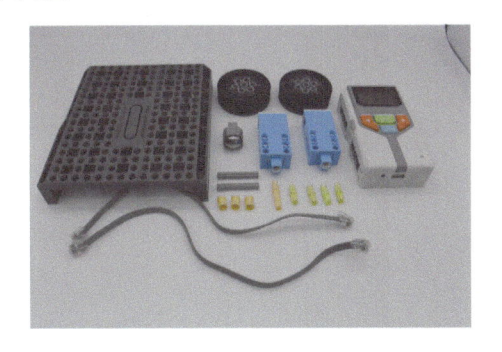

3. 搭一搭

试着用这些材料搭建出一台小车吧。

> **小贴士** 电机一般对应接口：左电机接 A 接口，右电机接 B 接口（左 A 右 B）。

4. 试一试

搭建完成后，需要试车，检查轮子是否能转动。

①打开主机。

②选择电机界面。

③选择电机对应的接口（或者选择 ALL，表示操控所有的电机）。

④界面出现两排功率数值（上一排为设计值，下一排为实际值，初始值为0，表示电机不转）。

⑤按下左键，功率数值是负"−"的，按下右键，功率数值是正"+"的。功率数值前的正负表示电机的转向，功率数值的大小表示电机的转速。

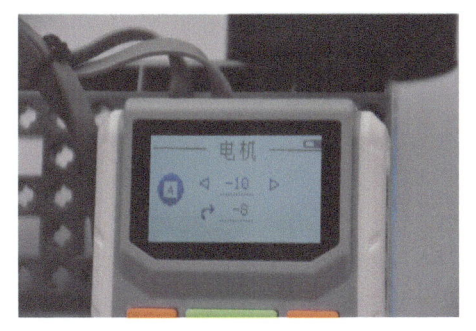

5. 填一填

我发现，当给两个电机相同的功率时，左右两个轮子的转动方向 _____（一致 / 不一致）。

(小贴士) 如果要让小车前进，左右两个轮子的转动方向需要一致，因此它们的功率应该一个为"+"值，一个为"−"值。小车在前进的时候，应该是 左 + 右 − 。

我还发现，给电机的功率越大，轮子的转速越 _____（大 / 小）。

活动二 编程操控小车（前进）

1. 导入

我们马上要进行 50 米短跑项目的比赛了。这条跑道是直线的，我们的机器人需要从起点出发，跑向终点。

起点 ●——————————————→● 终点

2. 想一想

如何让我们的机器人运动员前进呢？

孩子们说：要让机器人前进，需要让左右两个轮子都向前转动。

3. 写一写

我设计的程序是：左电机 +60 ，右电机 −60 。

4. 学一学

要实现这个程序，就需要用软件编程啦！

①打开软件，点击"动作"模块库中的"电机"模块，拖到编写区。

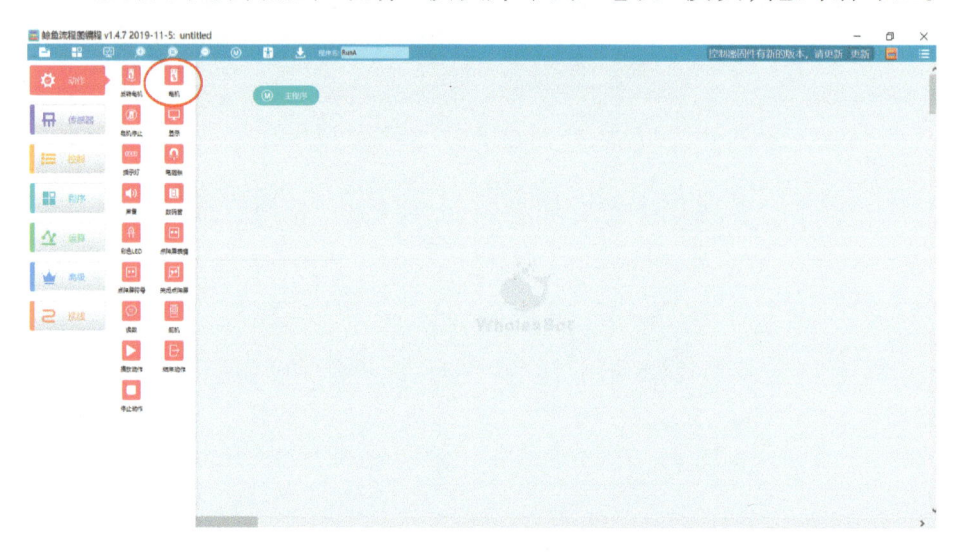

②双击鼠标左键会出现修改界面，可以选择对应电机的功率（正负、大小）进行修改。

③接入主程序下，当出现蓝色箭头将两个模块图连接起来，表示程序编写完成。

小贴士　我们的电机功率是左＋右－，但是大小必须一致。

5. 试一试

（1）将程序下载到控制器中

①用数据线将控制器与电脑相连，显示屏上出现"下载"和"调试"两个选项，默认下载。

②选择电脑软件菜单栏中的"下载"选项，就可以将程序下载到控制器中。

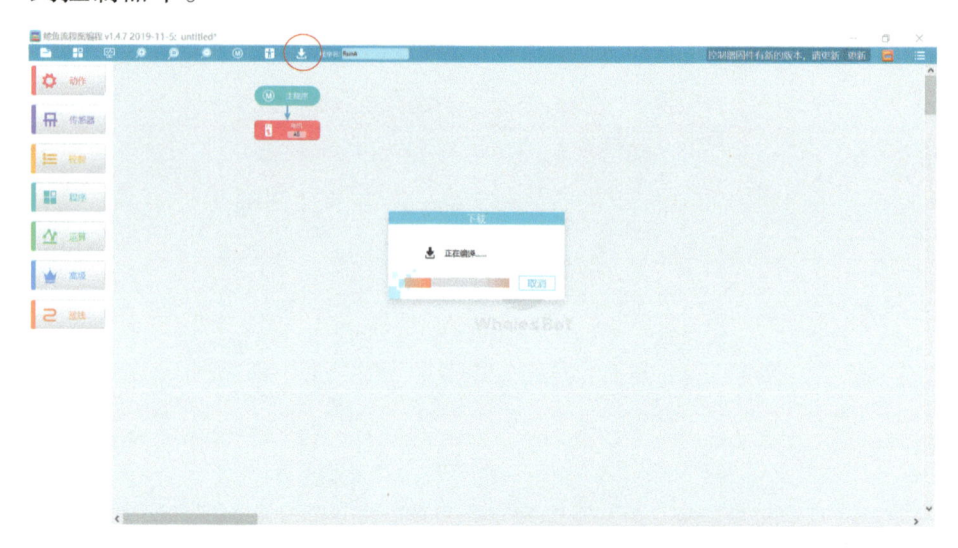

③出现下载成功的界面，即可断开数据线，下载完成。

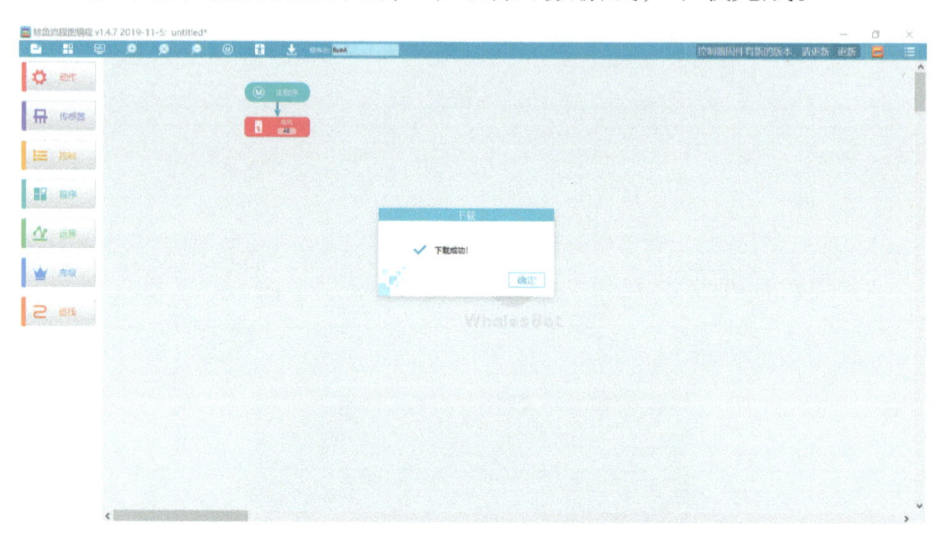

小贴士 ①工具栏上有一个程序名，默认是RunA，可以修改。②程序命名时，当后一个程序名与前一个相同时，会自动覆盖前一个程序。

（2）运行程序

①按下 ENTER 键，进入文件界面，通过左、右键选择需要的程序（程序的先后顺序是按照下载先后顺序排列的）。

②按下 ENTER 键，会出现"Loading"的字样，表示正在载入程序。

③出现白屏时程序就开始运行了。如果要终止运行程序，按 ESC 键退出。长按 ENTER 按钮，关闭控制器。

6. 想一想

通过编程，小车可以前进了，但是它到达终点之后还一直在前进，不会自己停下来，怎么办呢？

我们可以给它设置向前跑的时间。在电机模块里面，点击"高级"选项，再选择时间，在空格中填写时间（单位是秒）。可以精确至小数点后两位。

7. 编一编

例如，小车以 50 功率前进 6 秒钟后停下。

下载程序，然后试着运行。

8. 拓展

如果小车要 <u>向后运动</u>，该如何编写程序呢？（相同功率大小，但是 <u>左－右＋</u>）

活动三　前后往复运动

1. 导入

在运动开始之前,我们需要进行热身运动,为更高强度的运动做准备。比如前后的往复运动,我们需要从起点前进到终点,再从终点后退到起点,这样就完成了一次热身运动。

终点
起点

2. 写一写

我的程序设计是:

①机器人直线前进一段时间。

②机器人直线后退一段时间。

3. 编一编

（1）直线前进

（2）直线后退

4. 试一试

这次将前进、后退两个分运动结合起来，将两个模块通过箭头连接，就可以先前进再后退。一起运行程序来试试看吧。

5. 想一想

如果我们从起点前进到终点后想要停留一会儿再后退，应该添加什么程序呢？

可以在控制板块中选择"等待"模块，将它添加在前进和后退模块之间，等待的时间可以双击选择设定，单位是"秒"。

6. 做一做

7. 拓展

如果我们想进行多次热身运动，又该如何编程呢？

活动四　转弯

一正向转动，二反向转动（转弯弯度最小）。

一转动，二不转动（转弯弯度较大）。

一正向转速快，二正向转速慢（转弯弯度大）。

1. 导入

今天的体育课上，我们要进行弯道赛跑，这和我们之前学习的直线运动有所不同，该怎么让机器人实现转弯呢？

2. 想一想

在转弯的时候机器人左右两个轮子的速度可能一样吗？（不可能）

3. 试一试

根据下表的不同情况，判断小车的行进状态，你能发现什么？

	左轮速度	右轮速度	直线/曲线	左/右转
情况一	中速前进	中速前进	直线	
情况二	中速前进	静止	曲线	右转
情况三	中速前进	中速后退	曲线	右转
情况四	中速前进	高速前进	曲线	左转

①通过实验得知，当左右轮速度 _____（一致/不一致）时，机器人可以实现转弯。

②当左轮速度慢时，机器人向 _____ 转。（左）

当右轮速度慢时，机器人向 _____ 转。（右）

4. 学一学

转弯的方式可以分为三种：圆规转、原地转、差速转。

圆规转	上表情况二	一侧轮子静止，一侧轮子转动	
原地转	上表情况三	两侧轮子行进方向相反，转动速度一样	
差速转	上表情况四	两侧轮子行进方向相同，一个快一个慢	

5. 编一编

对以上三种转弯方式进行编程，再试着运行，感受一下三者的不同。

（1）向右圆规转

（2）向左圆规转

（3）向右原地转

（4）向左原地转

063

（5）向右差速转

（6）向左差速转

6. 拓展

你还有其他方法实现圆规转、差速转吗？

（1）向右圆规转（同时向后）

（2）向左圆规转（同时向后）

（3）向右差速转（同时向后）

（4）向左差速转（同时向后）

对话框内容：
- 电机A功率 -40
- 电机B功率 20
- 电机C功率 80
- 电机D功率 80
- ☑ 高级
- 3.00 ● 时间 ○ 距离
- 确定 取消

活动五　往返跑

1. 导入

学习过转弯以后，我们就可以进行往返跑了。从起点线跑到对面的终点线，再回到起点线，就完成了一次往返跑。

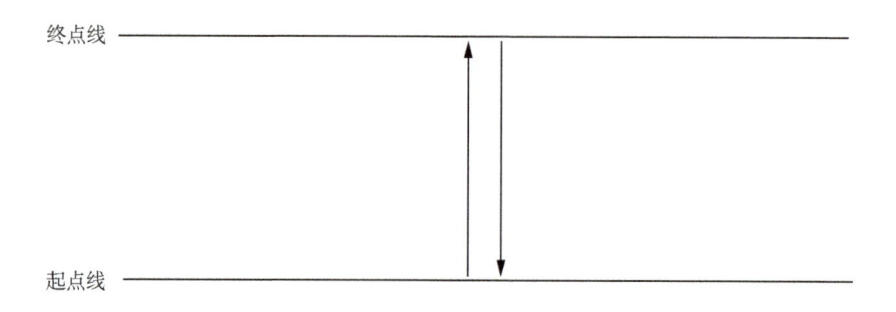

终点线 ────────────────────

起点线 ────────────────────

我们规定机器人电机的转速始终不能超过50，完成一次往返跑，来比一比谁跑得快。你准备如何设计程序呢？

2. 写一写

我的程序设计是：

①机器人<u>直线前进</u>一段距离。

②机器人<u>转弯</u>。

③机器人<u>直线前进</u>一段距离。

④机器人<u>停止运动</u>。

3. 想一想

我们已经学习了转弯的三种情况，你准备选用哪种方式呢？会有什么不同呢？

（机器人转弯的大小和速度对比赛时间会有影响）

4. 编一编

直线前进（转弯前）：

直线前进（转弯后）：

转弯前的直线前进和转弯后的直线前进的编程基本一致，主要区别在于转弯部分，以下三位同学的程序各有不同。

（1）小刚：差速转

（2）小志：圆规转

（3）小明：原地转

三人根据自己的程序进行比赛，看看谁最先完成一次往返跑。

5. 画一画

比赛结果是小明（原地转）获胜了，这是为什么呢？我们可以将他们的运动路径画下来。

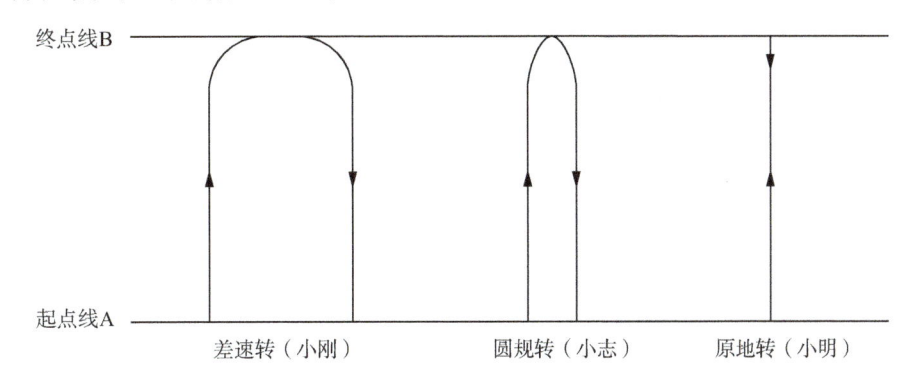

终点线B

起点线A

差速转（小刚）　　　圆规转（小志）　　　原地转（小明）

6. 填一填

转弯幅度越小，完成比赛就越 _____（快/慢）；转弯幅度越大，完成比赛就越 _____（快/慢）。

为了尽快地完成往返跑任务，转弯方式应选择使用 _____（原地转）。

活动六 绕桩跑

1. 导入

这次运动会设置了一个新项目——绕桩跑。如下图所示,有两个桩(障碍物)设置在赛道上,我们需要从 A 点出发,绕过这两个桩进行环形跑(不能碰到),途经 B、C、D,再回到 A 点,完成一次绕桩跑。我们规定机器人电机的转速始终不能超过 50。

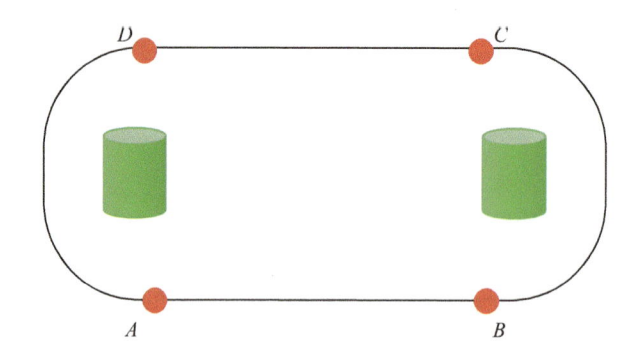

2. 写一写

我的程序设计是:

①机器人直线跑(A → B)。

②机器人以差速转,跑一个半圆形(B → C)。

③机器人直线跑(C → D)。

④机器人以差速转,跑一个半圆形(D → A)。

⑤停止运动(回到起点)。

3. 想一想

如何在完成任务的基础上跑得更快一些呢?

(差速转的转弯幅度要尽可能小,但又不能碰到两个桩)

4. 编一编

（1）AB

（2）BC

（3）CD

（4）DA

5. 拓展

如果我们要来回绕桩跑很多次，该如何编写程序呢？

可以重复编写上述程序，但这样程序就会变得很长，有什么更好的方法吗？

6. 学一学

我们可以运用"循环"的编程。

在"控制"模块中，有一个"多次循环"模块，将上面的程序拖动到这个模块之中，就可以实现循环，循环的次数也可以双击设定。

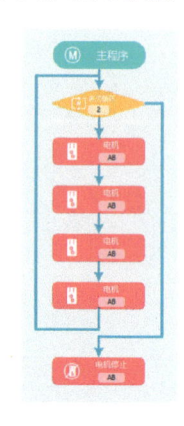

主题三　工具车（复杂）

【单元概述】

同学们，经过上一单元的学习，我们对于小车的运动已经有了一个基本的认识，那么本单元，我们要让小车变身"工具车"啦，给它附加各种功能。目前，垃圾分类活动正在如火如荼地开展。垃圾车就是一台功能全面的工具车，让我们一起来探索吧。

活动一　认识垃圾车

1. 说一说

随着垃圾分类活动的开展，垃圾车的用途越来越广泛，主要是负责倾倒垃圾。你知道垃圾车是什么样的吗？

2. 填一填

一辆垃圾车有哪些主要的组成部分呢？

（一辆垃圾车由底盘、箱体、抓取－倾倒功能臂、驾驶控制室等部分组成）

3. 画一画

将垃圾车画在下面的方框中。

```
┌─────────────────────────────────────┐
│                                     │
│                                     │
│                                     │
│                                     │
│                                     │
└─────────────────────────────────────┘
```

4. 说一说

展示交流。

活动二　搭建车体

1. 导入

通过前一节课的学习，同学们心中已经有了垃圾车的样子。那我们首先开始搭建垃圾车的底盘、箱体、驾驶控制室这些部分。

2. 材料清单

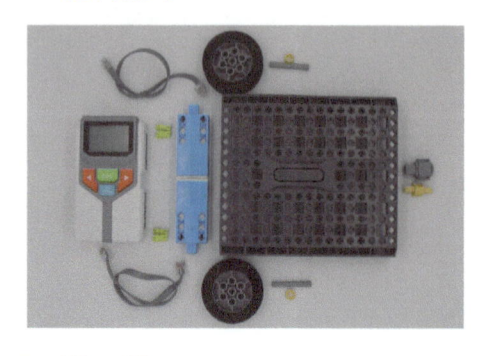

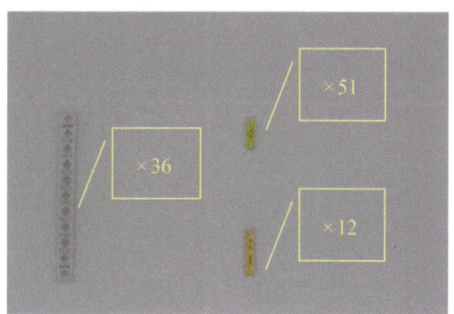

×51

×36

×12

3. 搭一搭

试着用这些材料搭建出一台垃圾车的基本部分。

①我们用底板、控制器等搭出垃圾车的底盘和驾驶室。

②用梁、销、轴等搭出箱体。

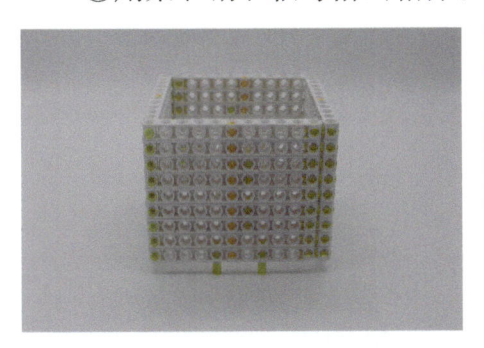

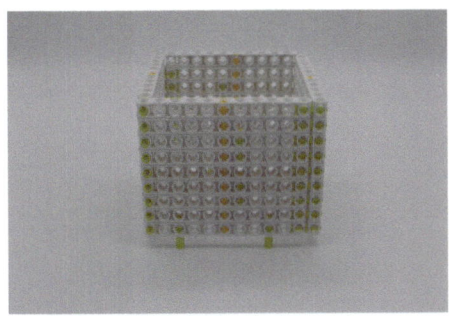

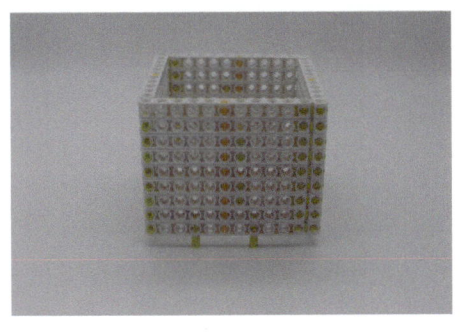

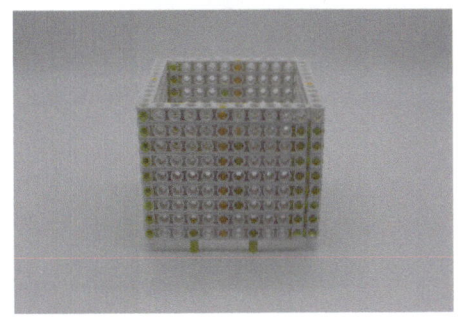

③将箱体组装到底盘上，完整的车体就搭建好了。

活动三　抓取功能

1. 导入

在我们的生活中，垃圾车可以自动抓取垃圾桶，将垃圾倾倒在车厢内，那我们怎么让小车实现抓取的功能呢？

2. 想一想

我们需要在车身上搭建一个手臂，作为抓取的装置，再安装一个电机，给这个抓取装置提供动力。

材料清单：电机、齿轮、轴、连杆等。

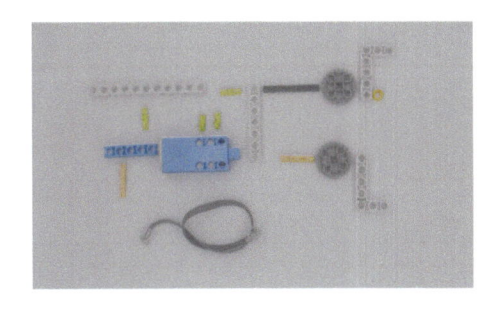

3. 搭一搭

将手臂连接到控制器上，用连接线接上电机的接口和控制器的接口 C（或者 D）。

4. 写一写

我的程序设计是：启动电机 C，手臂可以抓取。

5. 编一编

（1）抓取

（2）松开

6. 试一试

试着抓取小车边上的垃圾桶。

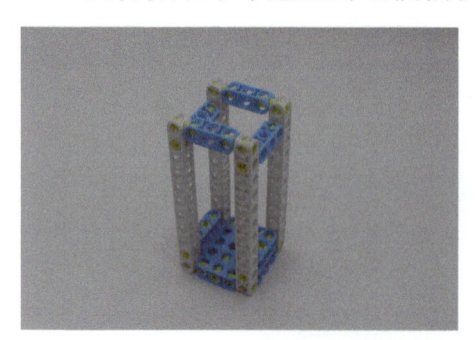

活动四　倾倒功能

1. 导入

　　垃圾车顺利地将垃圾桶抓取了起来，接下来就要将垃圾桶抬起来将垃圾倾倒进车厢啦。如何实现倾倒功能呢？

2. 想一想

　　我们需要在搭建的手臂上安装一个电机，实现倾倒功能。

　　材料清单：电机、齿轮、轴、连杆等。

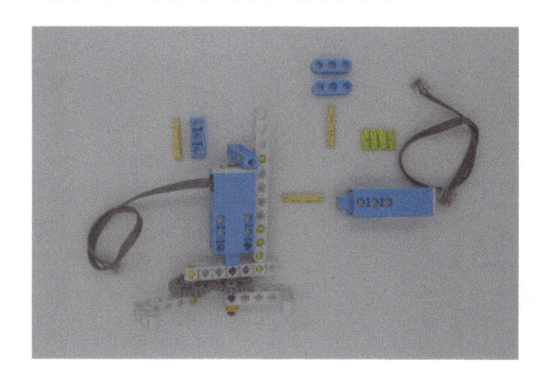

3. 搭一搭

　　将手臂连接到控制器上，用连接线分别接上电机的接口和控制器的接口 D。

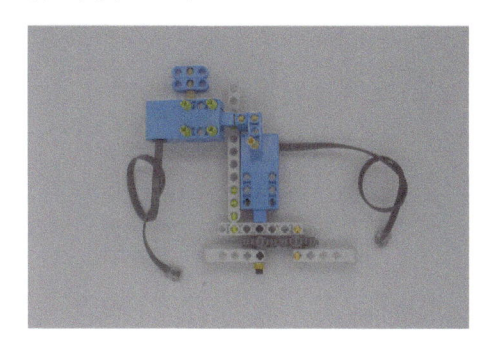

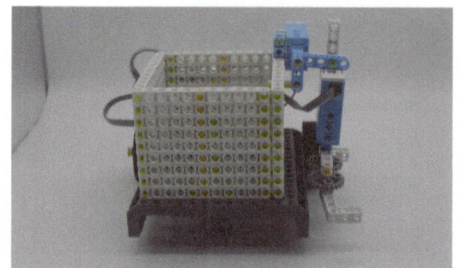

4. 写一写

我的程序设计是：启动电机 D，手臂可以升起、降下。

5. 编一编

（1）升起

（2）降下

6. 试一试

让搭建的手臂进行升降。

7. 做一做

将抓取和升降功能结合。

（1）抓取

（2）升起

（3）降下

（4）松开

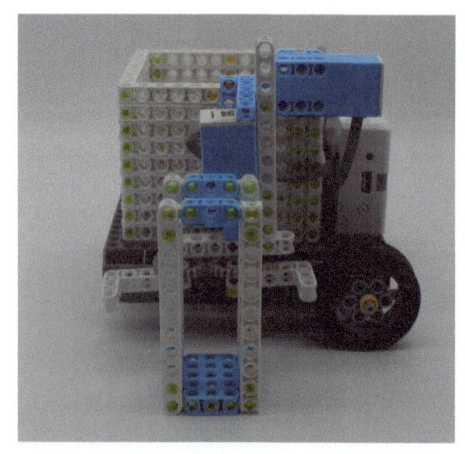

082

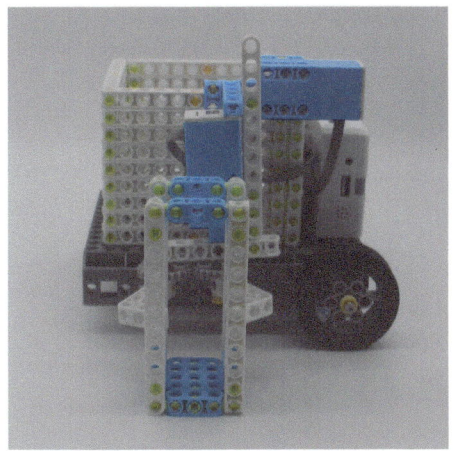

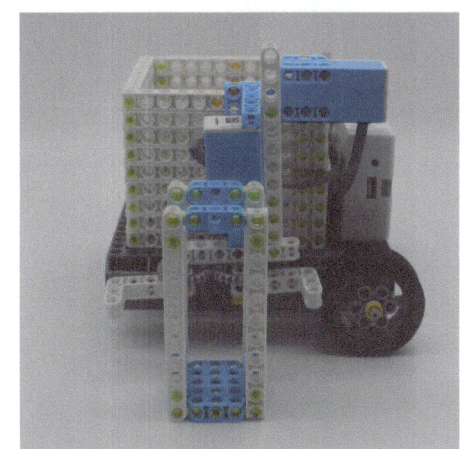

活动五 点阵屏功能

1. 导入

有的垃圾车尾部有一块屏幕，显示一些图案或字样，用来提醒人们垃圾车的工作状态，注意小心避让。那我们可以实现这一功能吗？

2. 学一学

我们需要用到"点阵屏"这一执行器，想想它的作用。

材料清单：点阵屏、梁、销等。

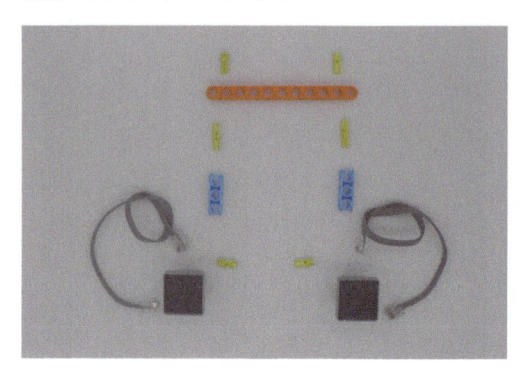

3. 搭一搭

将点阵屏连接到控制器上，用连接线分别接上点阵屏的接口和控制器的接口（必须是 2～11 端口），可以装一块或者两块。

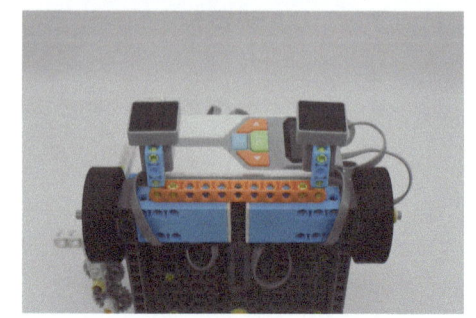

4. 编一编

①选择软件界面的"点阵屏符号"这一模块，就可以将一些默认的字符或者一些自定义的字符显示在屏幕上，注意选择对应的连接端口。

默认字符：

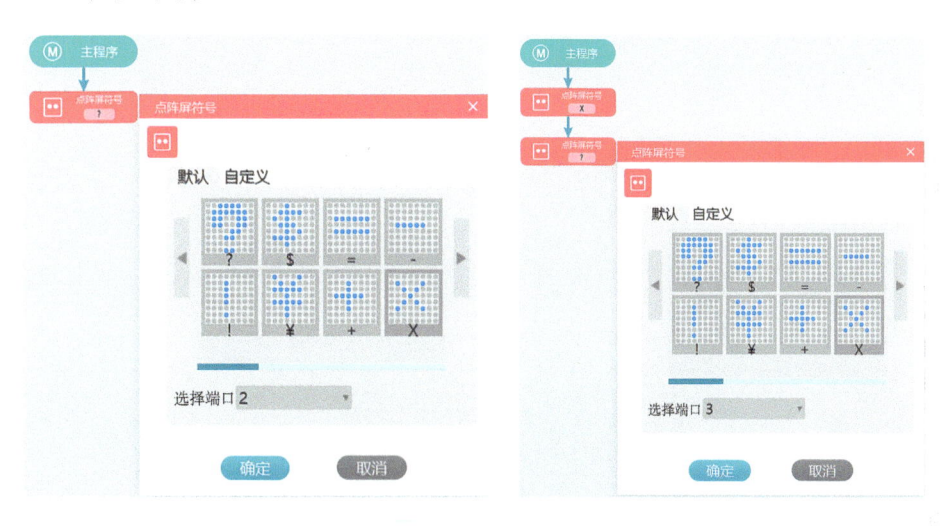

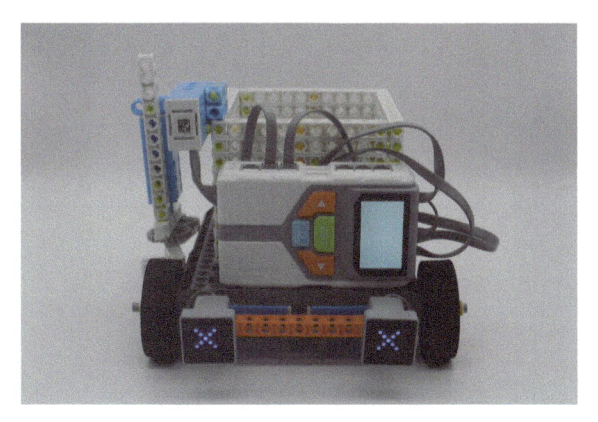

085

自定义字符：

点击"自定义"，鼠标左键点击或长按，可在点阵中点亮小原点构成图案。鼠标左键单击点亮的小圆点可消除亮点，更改图案。

②选择软件界面的"点阵屏表情"这一模块，还可以显示一些系统自带表情。

③选择软件界面的"关闭点阵屏"这一模块,可以将当前点阵屏显示的图像关闭。

5. 试一试

多进行一些尝试,显示不同的字符和表情。

活动六　声音功能

1. 导入

垃圾车和普通汽车一样,也有喇叭。当它要开始倾倒垃圾或者是碰到一些障碍物的时候,它可以发出声音以示提醒。

2. 学一学

控制器里自带扬声器,它可以将编程对应的声音直接通过扬声器发出。

3. 编一编

它有打招呼、动物、交通工具、情绪、钢琴这五种声音类别,每个类别下面对应不同的声音。

4. 试一试

尝试发出不同类别的声音。

主题四　传感器（智能）

～～～　一、触碰传感器　～～～

1. 导入

生活中一些垃圾车可以实现半自动化作业，也就是我们可以采取一键控制方式，实现垃圾倾倒等功能。那我们的机器人垃圾车如何实现这一功能呢？

2. 想一想

我们需要用到什么传感器？（触碰传感器）说一说它的工作原理。

3. 搭一搭

将触碰传感器连接到控制器的端口 4。

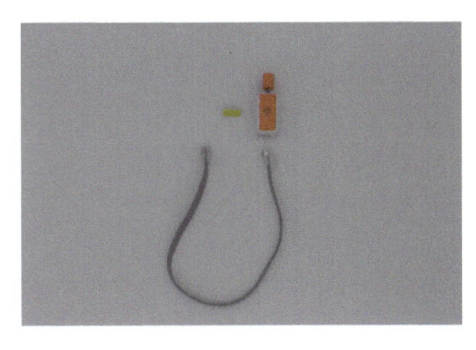

4. 写一写

我的程序设计是：

①当触碰开关被按下的时候，电机开始运转。

②当触碰开关没有被按下的时候，电机不运转。

5. 编一编

这里涉及"条件判断"模块，可以设置两条程序路径。
再把整个程序加到无限循环的模块中。

（1）整个程序　　　　（2）触碰开关注意选择对应的端口

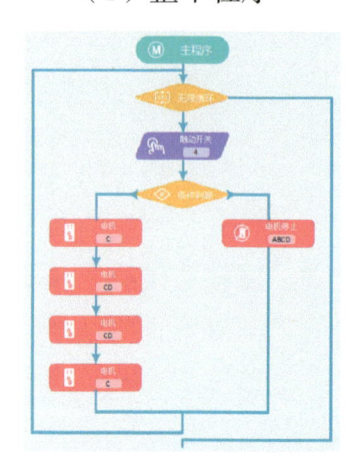

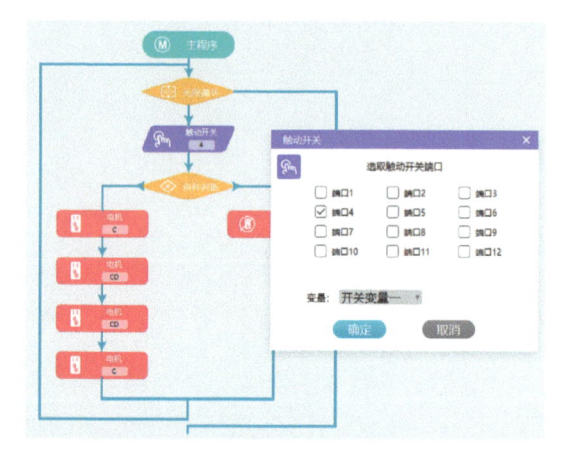

（3）条件判断的参数设置，选择"开关变量一 =1"

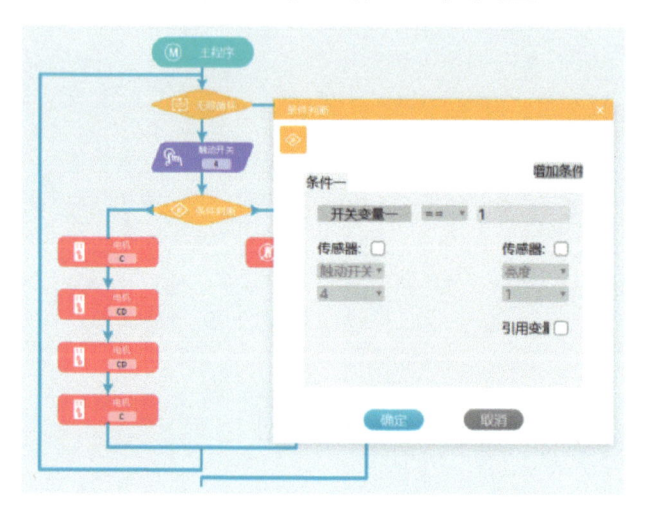

6. 试一试

下载并运行程序。当按下触碰开关时，电机开始工作，实现抓取、升降功能。一套动作完成后，电机停止工作，直到触碰开关再次被按下，这就是无限循环的作用。

二、地面灰度传感器

1. 导入

我们的机器人垃圾车能否实现"AI"人工智能呢？即让它们可以按照路线自动行进，到垃圾站时停下，进行收集、倾倒垃圾的工作。我们的机器人垃圾车该如何实现这一功能呢？

2. 想一想

我们需要用到什么传感器？（地面灰度传感器）说一说它的工作原理。

地面灰度传感器分为两种：

①集成灰度传感器必须连接1号I/O端口。

②默认地面灰度传感器从左至右分别对应集成灰度传感器的1～5通道。

3. 搭一搭

我们使用集成五灰度传感器，将它连接在控制器的端口1。

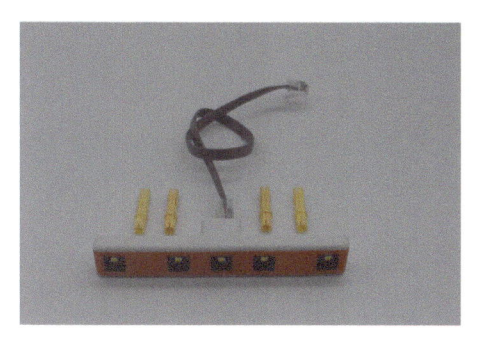

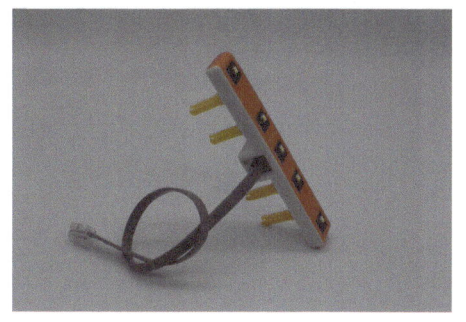

（1）运用灰度传感器巡线的准备工作

①初始化。整个巡线程序最开始必须有一个初始化指令，放在巡线程序的起始位置，一般放在主程序之后。

②黑白检测。在巡线之前还要进行黑白检测。这时检测到的数值与当前环境会更加贴合，使巡线更加准确。

检测方法：运行程序按照提示进行检测（当提示 BLACK LINE 或 WHITE GROUND 时，灰度传感器必须全部放置于黑线或者白底上）。

检测完成后，控制器屏幕会显示检测数值，黑线对应数值均大于2000，白底对应数值均低于400。若检测值不在此范围内，则需要重新检测。

（2）运用灰度传感器巡线

垃圾车在自动驾驶过程中，需要沿着黑线行进，途中会有一些路口，还会有转弯，最后到达垃圾站的时候停下来，完成垃圾倾倒工作。这些都该如何进行编程呢？一起来学习吧。

①巡线。沿着地图上的黑色路径前进，我们可以选择"巡线"模块。

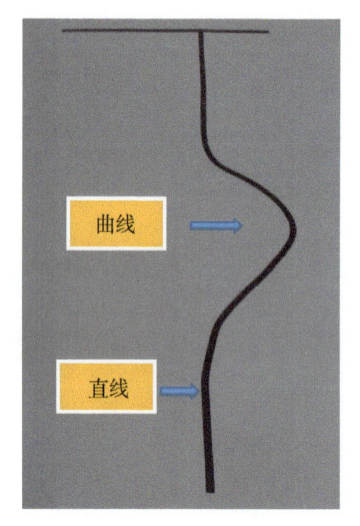

编一编：速度 30。

注意小车的起始位置：灰度传感器需要扫到黑线。

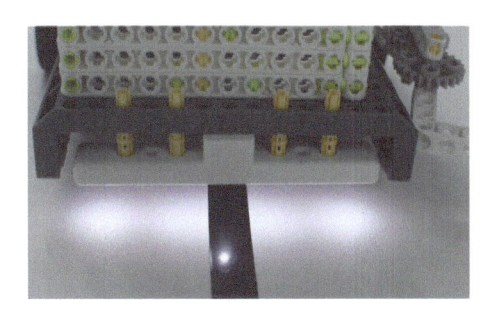

②巡线计时。以上的巡线，只要前面有黑色路径，它会一直向前进。如果要让小车停下来，我们可以选择"巡线计时"模块。

编一编：让小车巡线前进3秒停下。

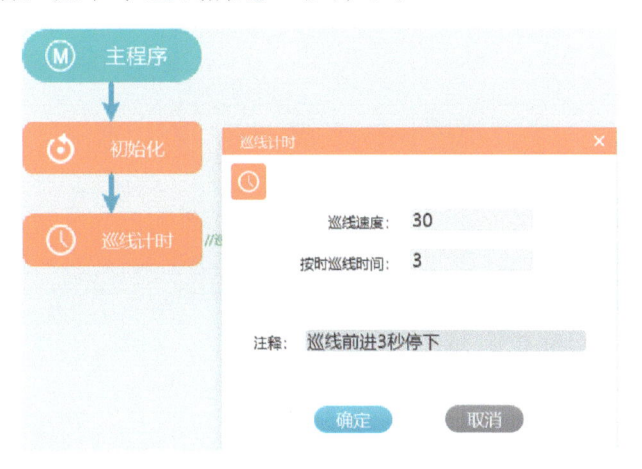

③巡线路口。小车在巡线过程中会遇到很多路口，路口的类型有以下几种：

a. 左侧路口。

┐或┤

b. 右侧路口。

┌或├

c. T字/十字路口。

┳或╋

d. Y 字路口，勾选左侧或右侧，不可勾选 T 字 / 十字路口。

Y

地图示例如下：

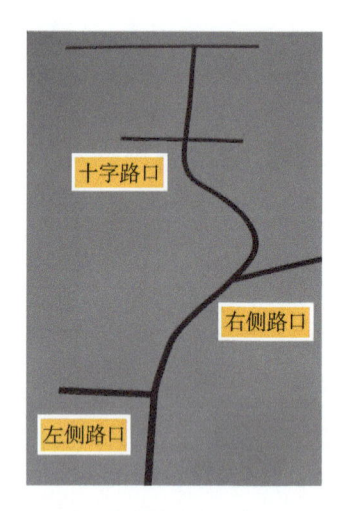

编一编：如果我们要冲过路口继续前进，则有以下几种情况。

例 1：如果在巡线过程中遇到左侧路口

以 30 的速度巡线前进，冲过左侧路口，并且继续巡线前进 1 秒。

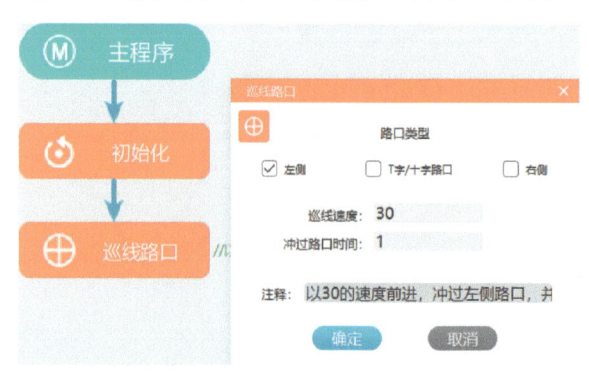

例 2：如果在巡线过程中遇到右侧路口

以 30 的速度巡线前进，冲过右侧路口，并且继续巡线前进 1 秒。

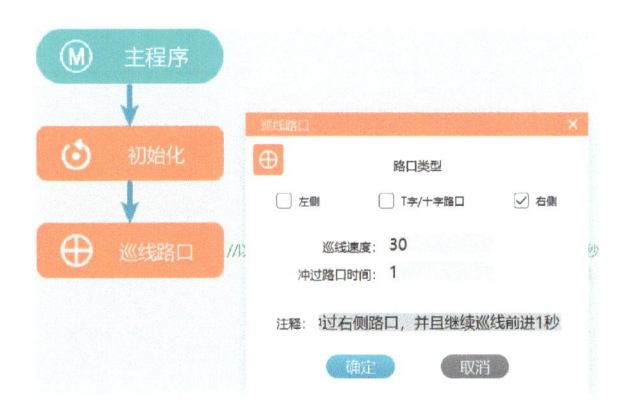

例3：如果在巡线过程中遇到十字路口

以30的速度巡线前进，冲过十字路口，并且继续巡线前进1秒。

4. 编一编

（1）转弯

在遇到路口的时候，如果小车要在路口处转弯，则需要将"巡线路口"和"转弯"模块连接起来。

若要在右侧路口处转弯，并沿着右侧道路继续前进，在编程时需要先选择"巡线路口"，让小车先冲过右侧路口一点，比如0.2秒，再选择"转弯"。我们采用原地右转，左右电机设置好相应速度，注意正负，结束位置应该选择"中间"，表示我们让小车转弯停下来时，五灰度传感器的中间位置正好对准右侧黑线。最后再加上"巡线计时"，表示转弯之后再沿着右侧黑线巡线前进 1 秒。

运行示例如下：

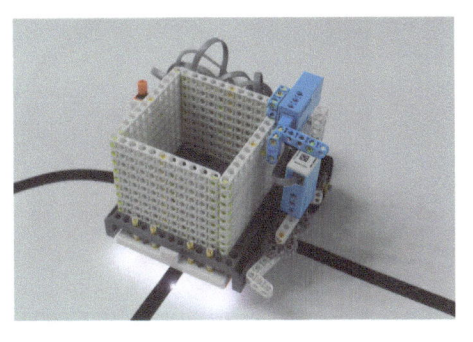

（2）综合巡线

根据地形图，我们需要进行一段巡线，有直线和曲线。首先需要冲过左侧的一个路口，继续巡线，冲过一个右侧的路口，继续巡线，冲过一个十字路口，继续巡线，在尽头的T字路口左转，并沿着左侧黑线继续前进一段时间。

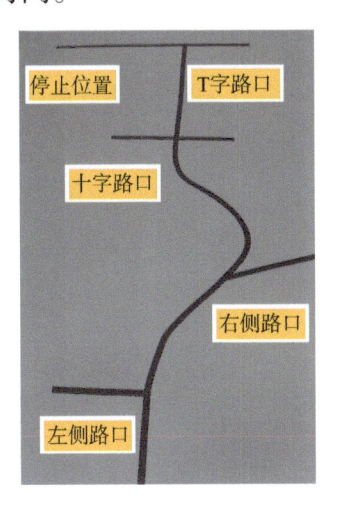

程序设计如下：

①冲过左侧路口。　　　　　　　②冲过右侧路口。

③冲过十字路口。

④T字路口转弯。

⑤继续前进并停止。

三、红外测距传感器

1. 导入

垃圾车在行驶过程中，因路况比较复杂，经常会遇到行驶中的车辆，这时需要垃圾车做出一定的判断，并停止行进。我们的机器人垃圾车该如何实现这一功能呢？

2. 想一想

我们需要用到什么传感器？（红外测距传感器）

说一说它的工作原理。

3. 搭一搭

4. 写一写

我的程序设计是：（条件判断）

①当红外测距传感器检测到前方有障碍时，停止巡线前进（即马达停止）。

②当红外测距传感器检测到前方无障碍时，巡线前进。

5. 编一编

（1）编程思路图

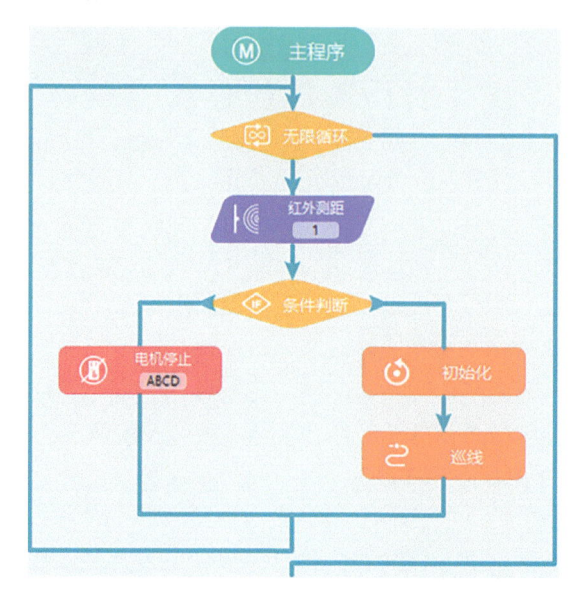

（2）红外测距传感器端口选择

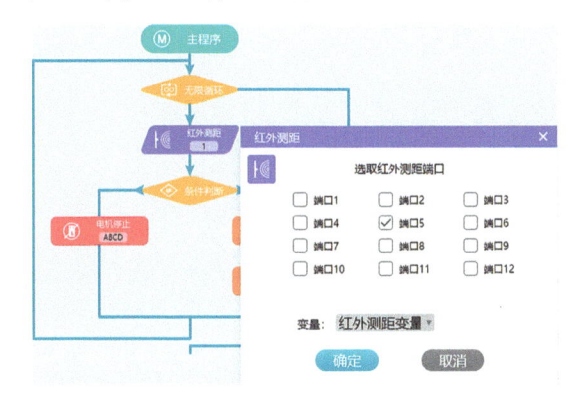

（3）条件判断参数变量设置

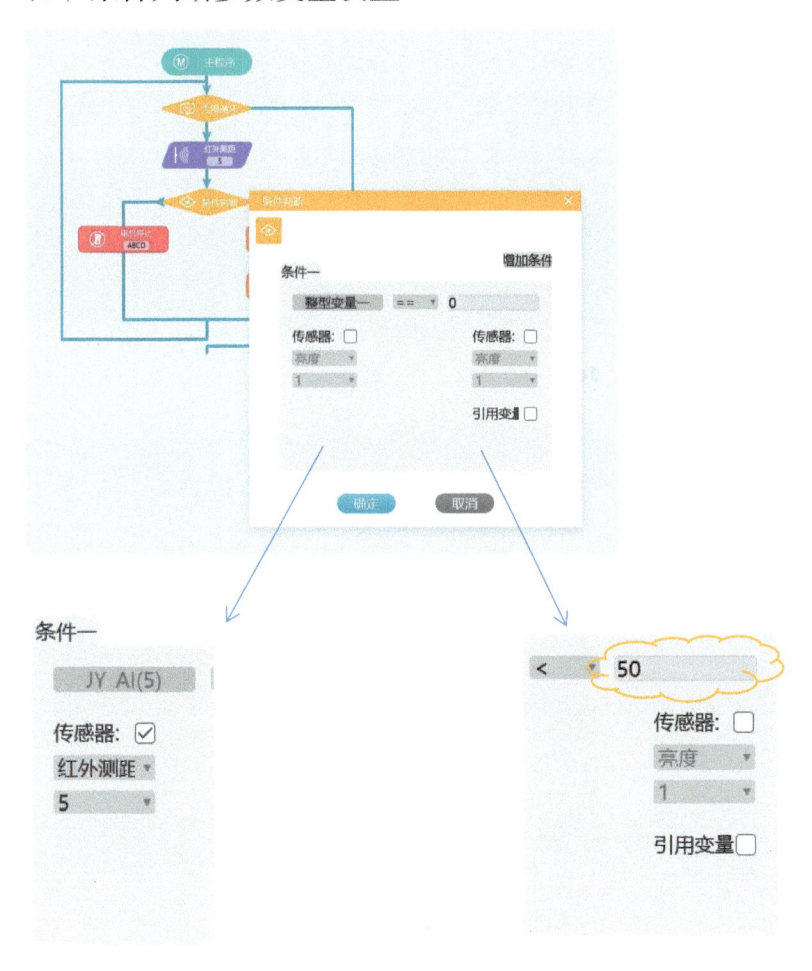

测试需要垃圾车遇障碍停止的距离参数。

将障碍物摆放在红外线正前方。

主界面进入"输入",查看"5"号端口红外测距传感器显示数值。

6. 试一试

下载并运行程序。

拓展　设计并完成综合任务

设计一个复杂小区垃圾清运场景,并尽可能多地运用到主题三、主题四所学知识,让我们的垃圾车更加智能化,然后完成你所设计的垃圾清运任务。

第三部分 机器人设计与比赛程序编写

一、"夏季水上运动会"

1. 比赛主题

水上运动是为了区别于陆上和空中体育项目，根据所处的运动环境而命名的，是全部过程或主要过程在水下、水面或水上进行的各种形式的体育比赛和活动。

中国幅员辽阔，江河交错，海岸线漫长，远古时代人们为适应环境，逐渐学会了游泳；为更好地生存，人类"观落叶因以为舟""见窾木浮而知为舟"，学会了从江河湖海中获取食物。中国春秋战国时期就有泅水活动，利比亚史前岩画也有游泳姿势的描绘。现代游泳始于英国，17世纪60年代流行于约克郡地区。1828年在利物浦乔治码头修建了世界上第一个室内游泳池。这些是比较早的关于水上运动的描述，但是当时对于水上运动并没有统一的规则和标准。

20世纪初，国际性的体育运动会日渐增多，而奥运会的出现则使这一趋势达到顶峰。正是在这个时期，为了追求新的带有刺激性和冒险性的运动，人们把许多陆上运动项目移植到水中，创造出水下、水上形形色色的新项目，由此水上运动逐渐流行开来。水上运动可分为水上竞技项目、船类竞技项目、滑水运动、潜水运动。

本比赛就是通过机器人模拟完成部分水上运动的过程，参赛选手需要自己设计机器人、编写程序、搭建机器结构，完成本比赛设定好的水上竞赛项目。

2. 比赛场地与环境

（1）场地

比赛场地尺寸为 220 cm×120 cm（下图），材质为 PU 布或喷绘布，黑色引导线宽度约为 2.5 cm。右下角为机器人基地（30 cm×30 cm）。

场地中间是由两块斜坡拼成的斜坡区，第一个斜坡最高处距离地面 5 cm，第二个为 5 cm 高的平台。斜坡并不固定在场地上。

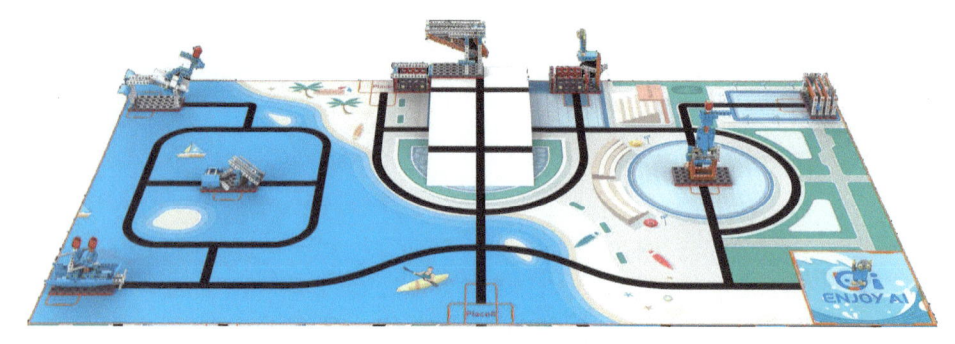

比赛场地示意图

（2）赛场环境

机器人比赛场地环境为冷光源、低照度、无磁场干扰。由于一般赛场环境的不确定因素较多，如场地表面可能有纹路或不平整，边框上有裂缝，光照条件变化，参赛队在设计机器人时应考虑各种应对措施。

3. 系统组成

机器人尺寸：每次离开基地前，机器人尺寸不得大于 30 cm×30 cm×30 cm（长×宽×高）；机器人的垂直投影完全离开基地后，其结构可以自行伸展。

控制器：单轮比赛中，不允许更换控制器。每台机器人只允许使用一个控制器。

执行器：每场比赛每台机器人使用电机数不超过 4 个，不允许使用舵机。

传感器：每台机器人允许使用的传感器种类、数量不限。

结构：机器人必须使用塑料材质的拼插式结构，不得使用扎带、螺钉、铆钉、胶水、胶带等辅助连接材料。

电源：每台机器人必须自带独立电池盒，不得连接外部电源，电池电压不得高于 9 V，不得使用升压、降压、稳压等电路。

二、机器人设计建造

1. 基础车体

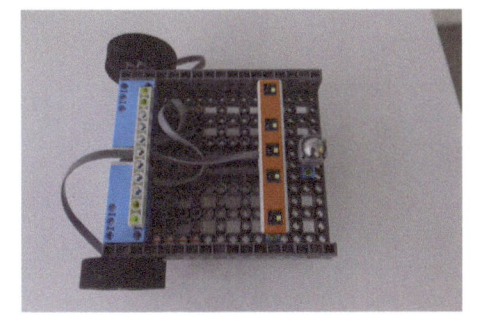

基础车体 1

基础车体 2

2. 机械臂设计

（1）花样游泳任务机械臂

花样游泳任务机械臂 1

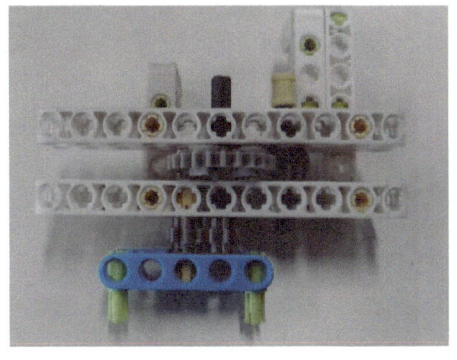

花样游泳任务机械臂 2

花样游泳任务机械臂3

(2) 游泳接力任务机械臂

游泳接力任务机械臂1 　　　　　　　　游泳接力任务机械臂2

(3) 三米板跳水任务机械臂

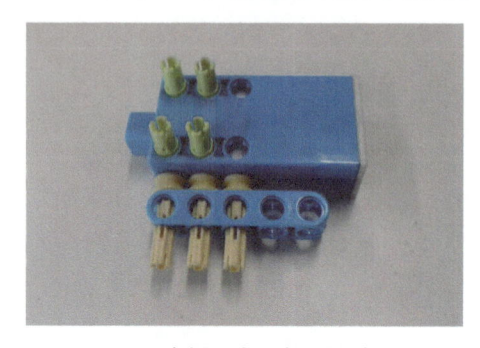

三米板跳水任务机械臂 　　　　　　　　三米板跳水任务小车

（4）水球任务机械臂

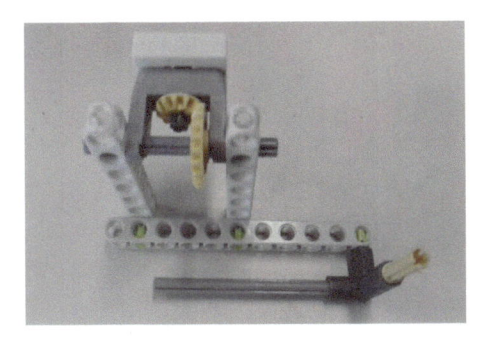

水球任务机械臂

水球任务

（5）皮划艇任务机械臂

皮划艇任务机械臂1

皮划艇任务机械臂2

皮划艇任务机械臂3

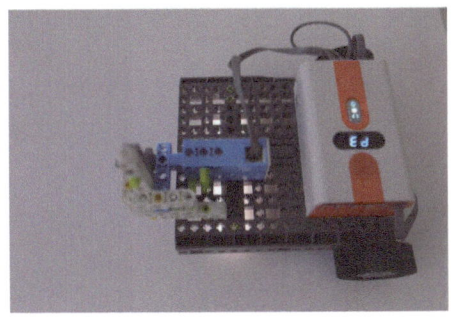

皮划艇任务

（6）冲浪任务机械臂

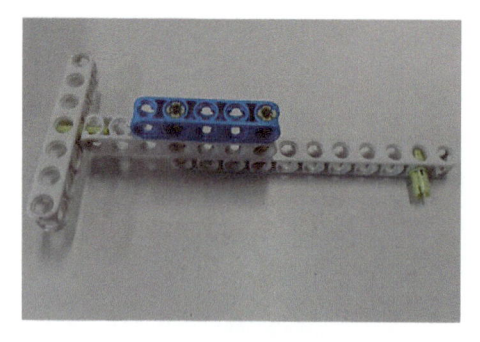

冲浪任务机械臂

冲浪任务

冲浪任务小车完成状态

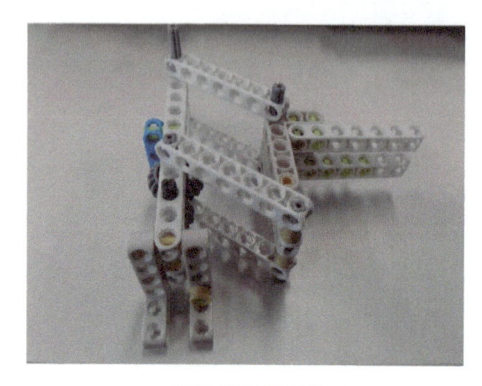

运送运动员结构1

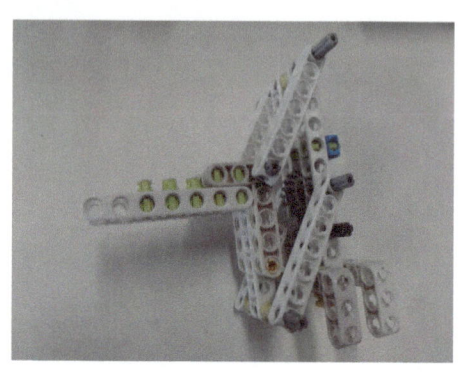

运送运动员结构2

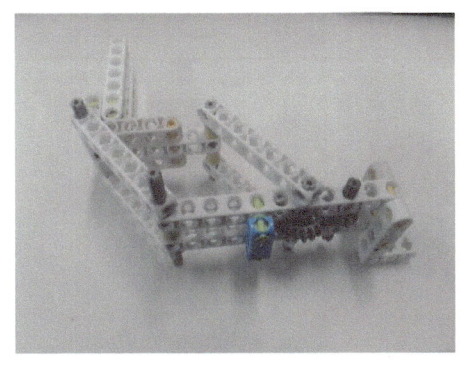

运送运动员结构3 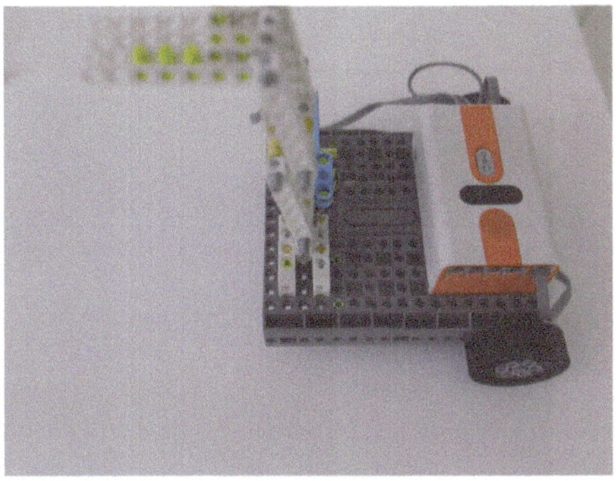　　　　　　　　　　　运送运动员小车

（7）转动转柄结构

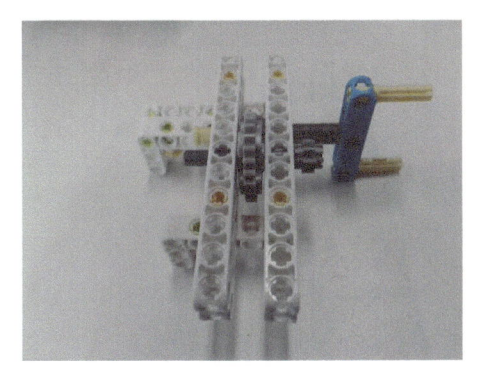

转动转柄结构1 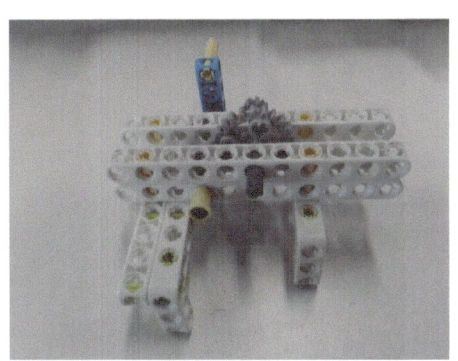　　　　　　　　　　　转动转柄结构2

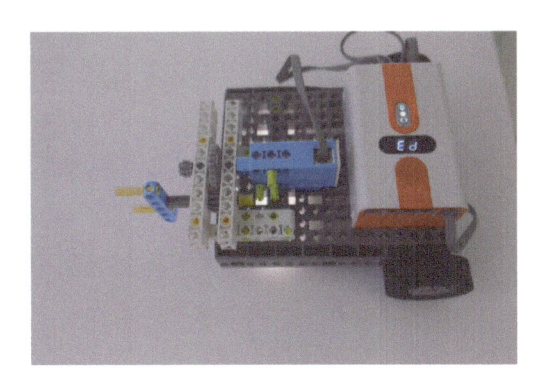

转动转柄安装

三、任务程序

比赛场地示意图见前。

1. 花样游泳

（1）任务分析

①场地某个任务区固定有一个舞蹈运动员，转柄水平放置，拨杆在后，如下图"初始状态"。

②机器人转动转柄使运动员旋转起来，将得分标志（L形梁）打落到方形梁下方得60分。

③如下图"完成状态"。得分标志必须通过运动员的旋转来触发，机器人不可接触得分标志。

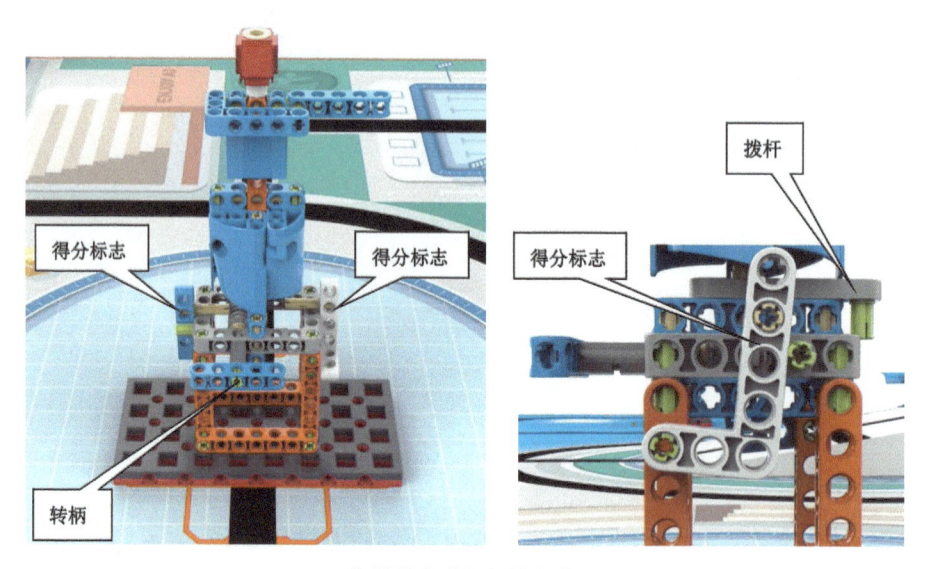

花样游泳道具初始状态

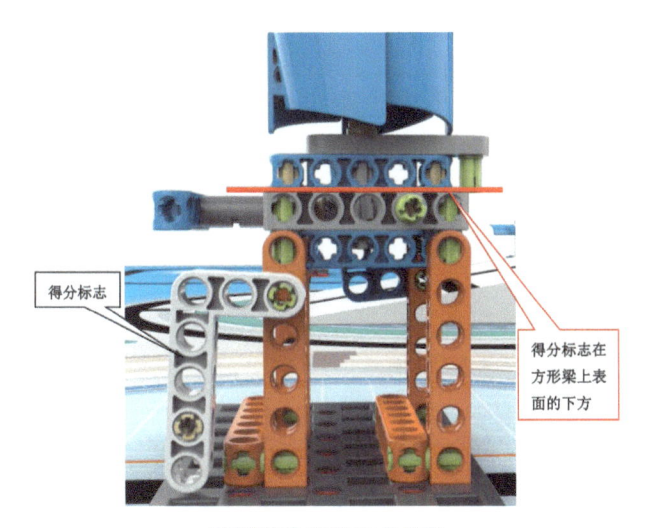

得分标志

得分标志在方形梁上表面的下方

花样游泳道具完成状态

(2) 任务结构

花样游泳任务结构 1

花样游泳任务结构 2

花样游泳任务小车 1

花样游泳任务小车 2

115

（3）程序设想

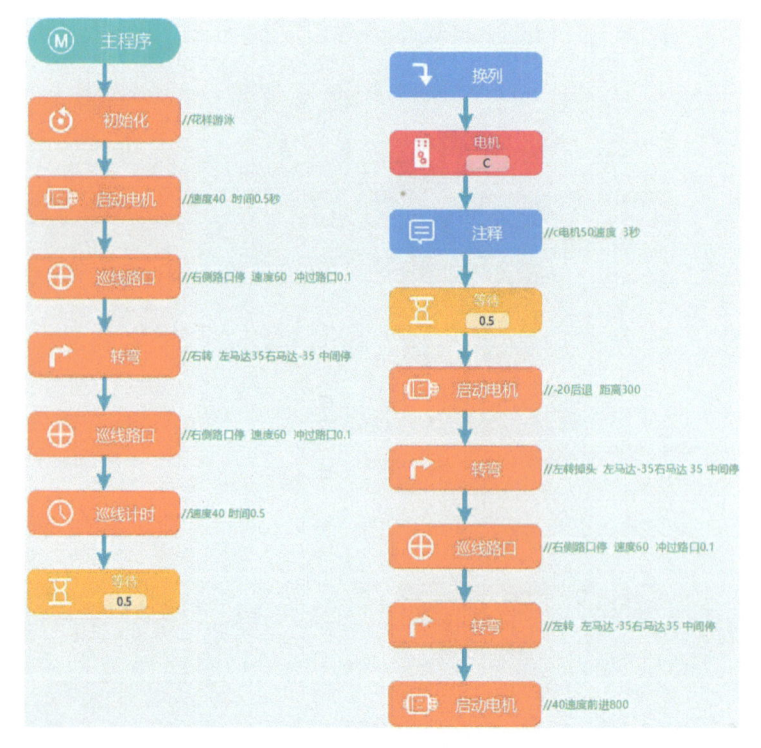

花样游泳程序设想

参考设想练习编程并进行测试，然后修改完善程序。

2. 游泳接力

（1）任务分析

①场地某个任务区固定有一个游泳池，游泳池内有两个游泳运动员，如下图"初始状态"。

②机器人需将两个运动员推送至泳池一边的终点，如下图"完成状态"。一个运动员到达终点得 40 分，两个运动员到达终点得 60 分。

③到达终点的运动员垂直投影完全在 5 孔梁内，如下图"完成状态"。

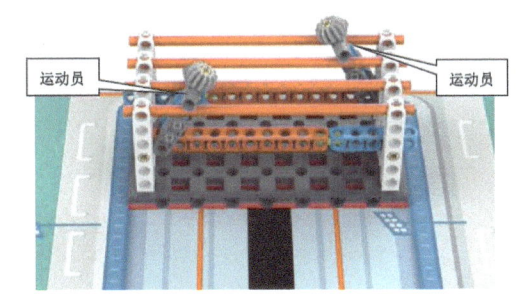

游泳接力初始状态

运动员在5孔梁一侧

游泳接力完成状态

（2）结构

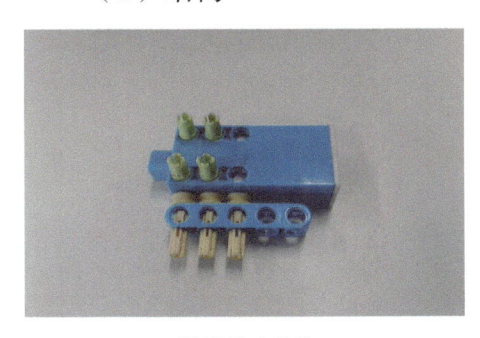

游泳接力结构

游泳接力小车1

游泳接力小车2

游泳接力小车3

（3）程序设想

游泳接力程序设想

参考设想练习编程并进行测试，然后修改完善程序。

3. 三米跳水

（1）任务分析

①场地某个任务区固定有一个三米板跳台，跳台上站着一位运动员，如下图"初始状态"。

②机器人通过拨动拨杆，使运动员从跳板落下进入水池内（与底板接触）得50分，如下图"完成状态"。

③通过拨动拨杆外的其他方式完成任务得分均无效。

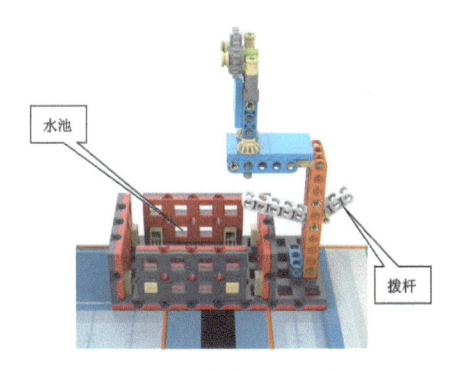

三米跳水初始状态 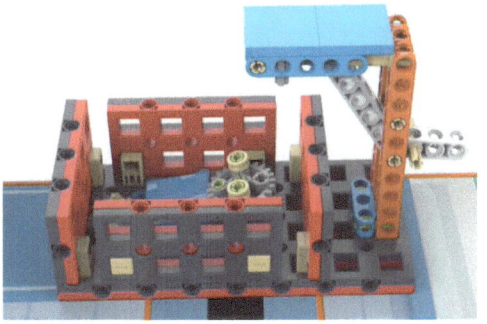　　　　三米跳水完成状态

（2）结构

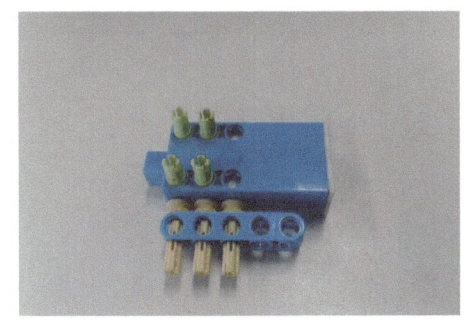

三米跳水结构 　　　　三米跳水小车1

三米跳水小车 2　　　　　　　　　三米跳水小车 3

（3）程序设想

三米跳水程序设想

参考设想练习编程并进行测试，然后修改完善程序。

4. 水球

（1）任务分析

①场地某个任务区固定有一个水球运动场，如下图"初始状态"。

②机器人将水球放入球门内（钢球的垂直投影完全在球门内），得 60 分，如下图"完成状态"。

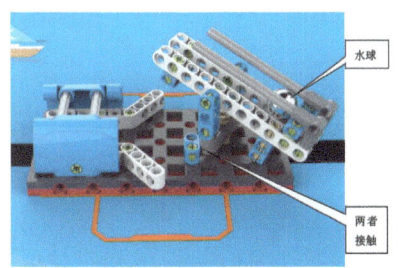

水球初始状态 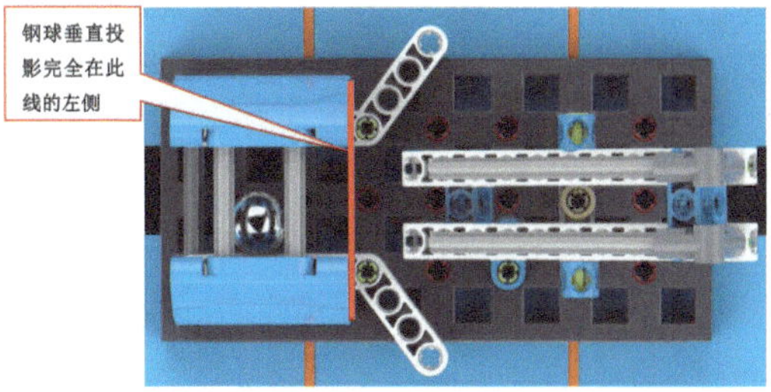　　　　　　　　水球完成状态

（2）结构

水球结构 　　　　　　　　水球小车 1

水球小车 2 　　　　　　　　水球小车 3

（3）程序设想

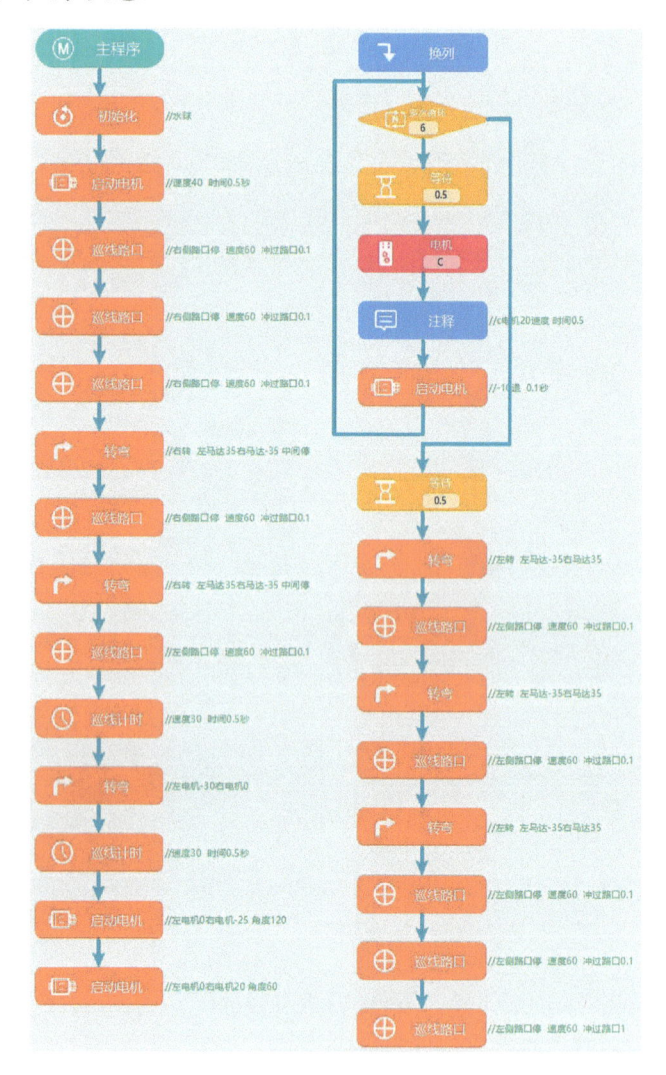

水球程序设想

参考设想练习编程并进行测试，然后修改完善程序。

5. 皮划艇

（1）任务分析

①场地某个任务区固定有一个皮划艇，运动员身体前倾，如下

图"初始状态"。

②机器人拉动拉杆使运动员身体后倾（1.5倍销完全在底板边缘右侧），得50分，如下图"完成状态"。

③通过拨动拉杆外的其他方式完成任务得分均无效。

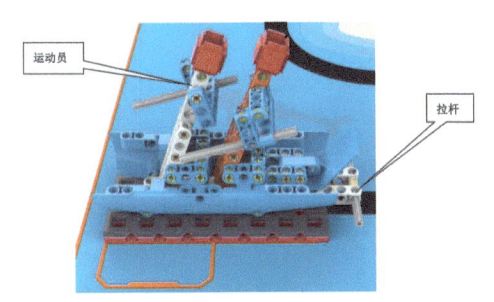

皮划艇初始状态 　　　　　　　　皮划艇完成状态

（2）结构

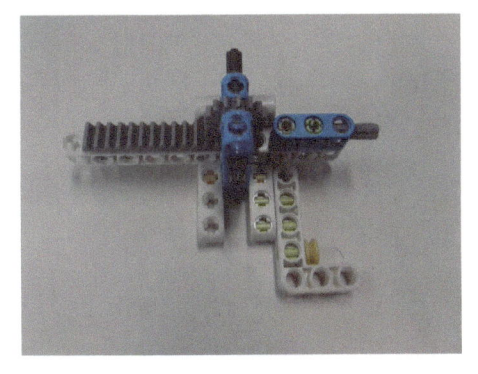

皮划艇结构1 　　　　　　　　皮划艇结构2

皮划艇小车1 　　　　　　　　皮划艇小车2

123

（3）程序设想

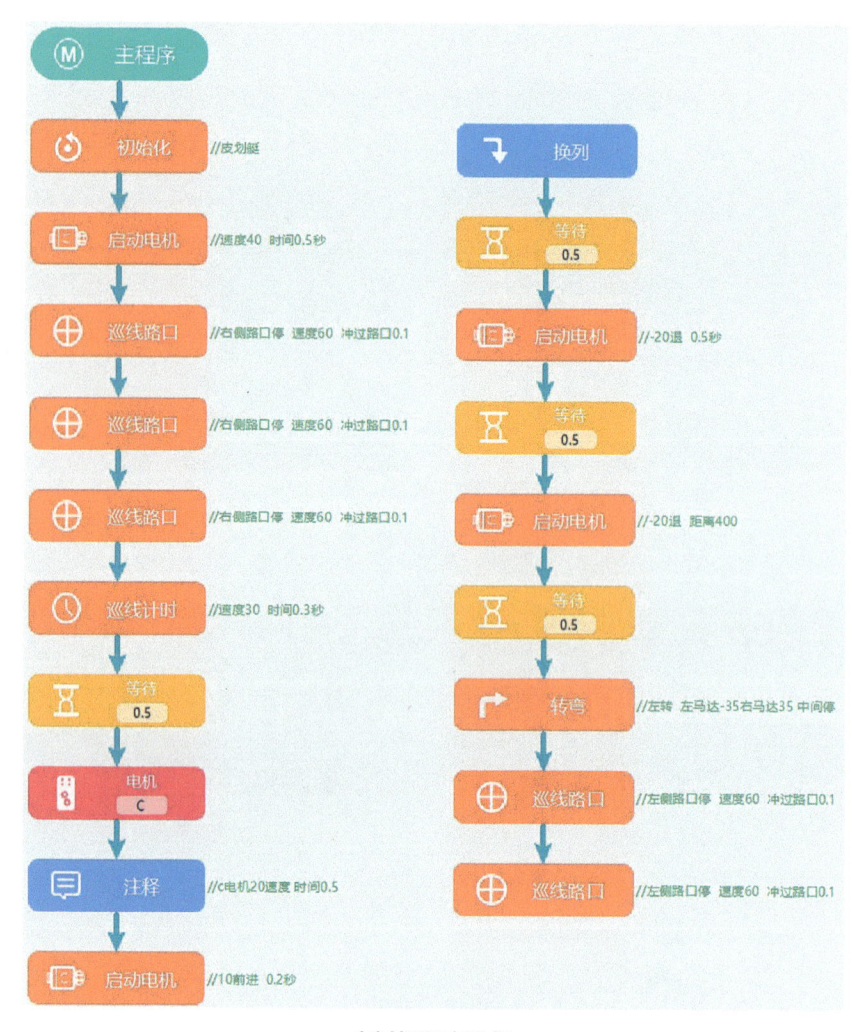

皮划艇程序设想

参考设想练习编程并进行测试，然后修改完善程序。

6. 冲浪

（1）任务分析

①场地某个任务区固定有一个冲浪运动员，如下图"初始状态"。

②机器人将运动员搬送至冲浪区，3孔梁完全在7孔梁上（1.5

倍销左侧）且两者接触得 60 分，如下图"完成状态"。

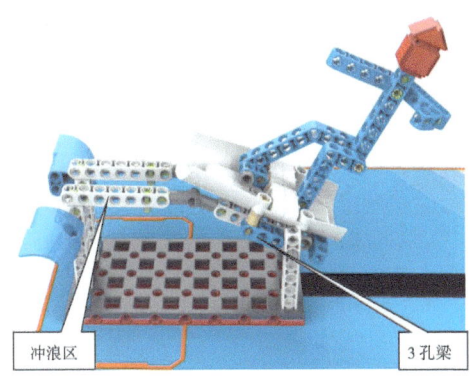

3孔梁在1.5倍销左侧，且完全在7孔梁上

冲浪区　　　　　　　3孔梁

冲浪初始状态 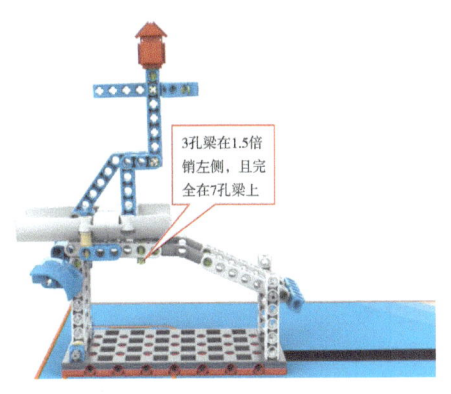　　　　　　冲浪完成状态

（2）结构

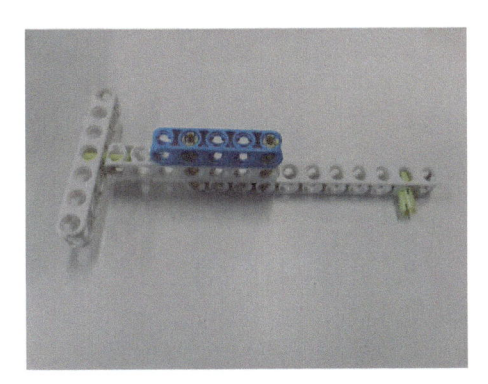

冲浪结构 　　　　　　　冲浪小车

冲浪小车接触道具 　　　　冲浪小车完成任务状态

125

（3）程序设想

冲浪程序设想

参考设想练习编程并进行测试，然后修改完善程序。

7. 十米跳台

（1）任务分析

①场地斜坡区最顶端固定有一个十米跳台，转柄水平放置，运动员在基地内，如下图"初始状态"。

②机器人先将运动员放置到十米跳台上方，运动员成直立状态且与磁铁完全贴合得70分，如下图"完成状态一"。

③机器人沿着斜坡上到斜坡区顶端，通过转柄使运动员从平台跳落到下方水池内（与底板接触），得50分，如下图"完成状态二"。

必须先完成任务②，才可做任务③。

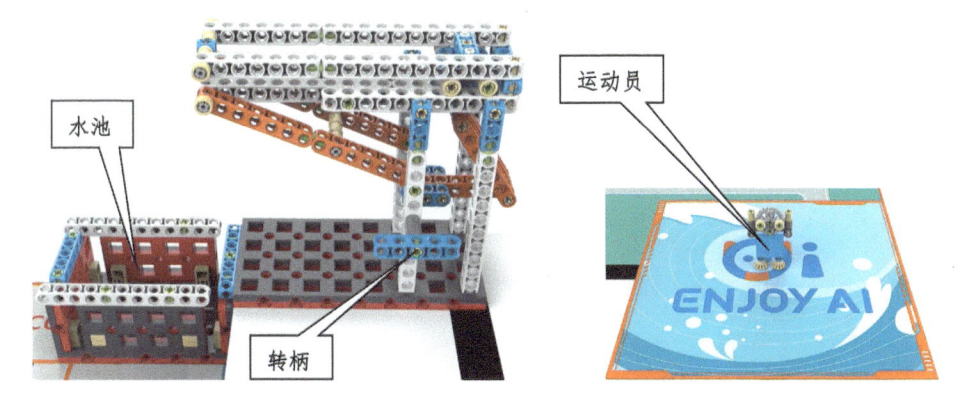

十米跳台初始状态

十米跳台完成状态一

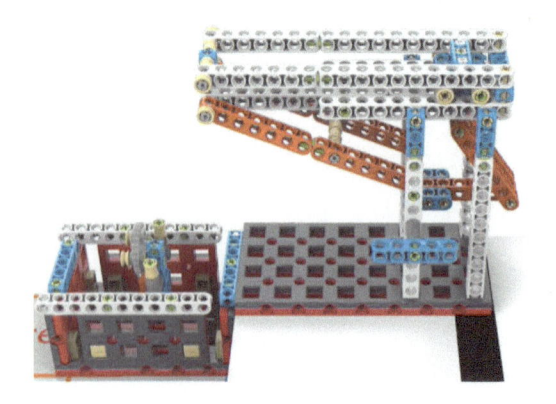

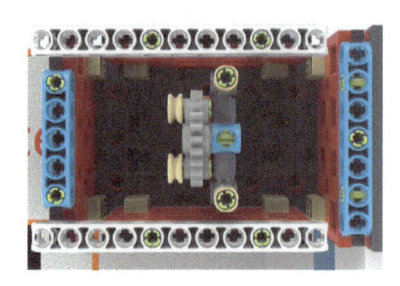

十米跳台完成状态二

（2）结构

①运送运动员结构。

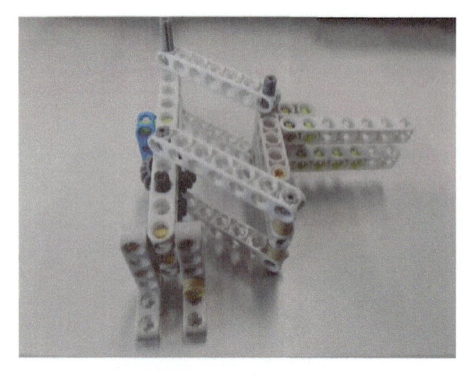

十米跳台运送运动员结构1

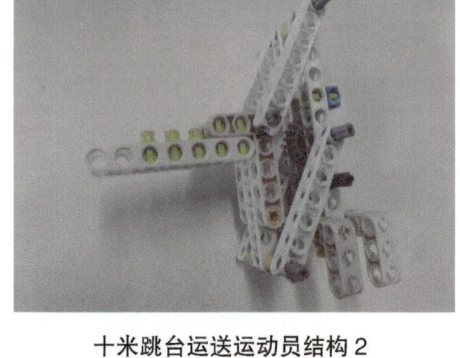

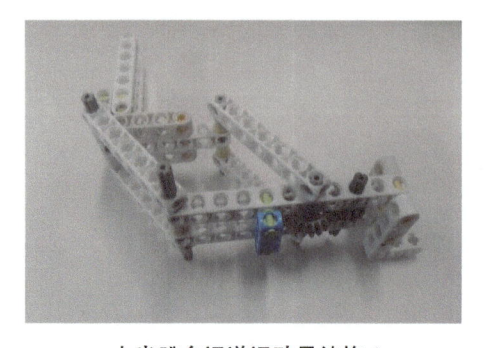

十米跳台运送运动员结构2

十米跳台运送运动员结构3

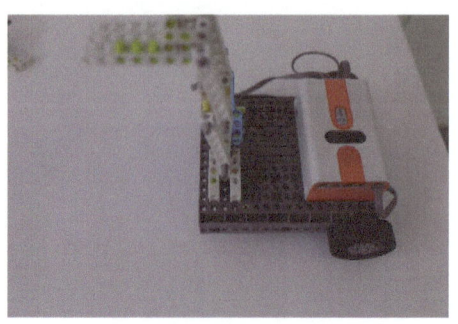

十米跳台运送运动员小车1

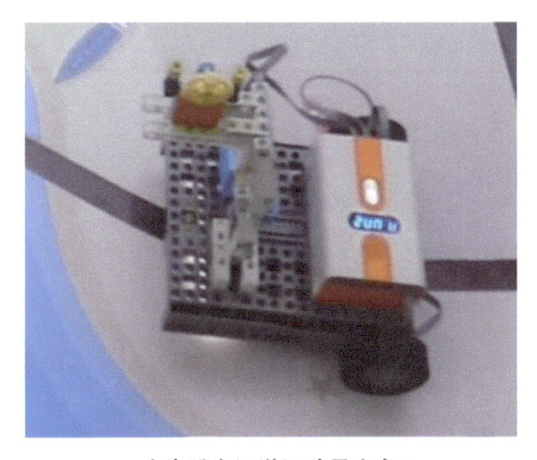

十米跳台运送运动员小车 2 　　　　　　十米跳台运送运动员小车 3

②转动转柄结构。

十米跳台转动转柄结构 1 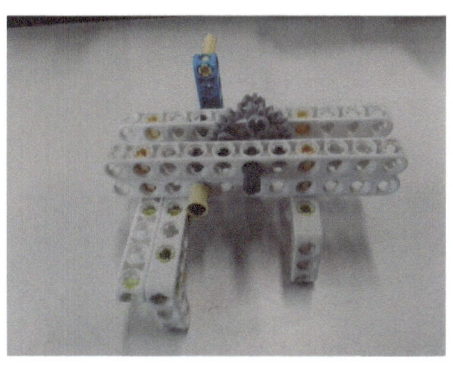　　　　　　十米跳台转动转柄结构 2

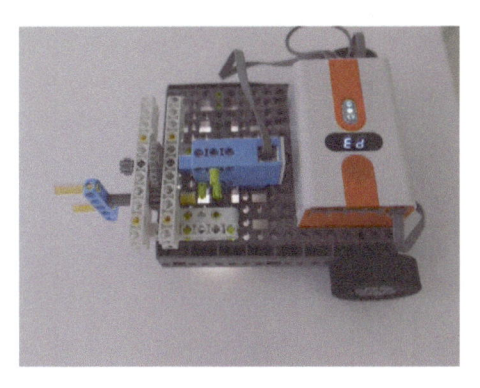

十米跳台转动小车 1 　　　　　　十米跳台转动小车 2

（3）程序设想

①送人。

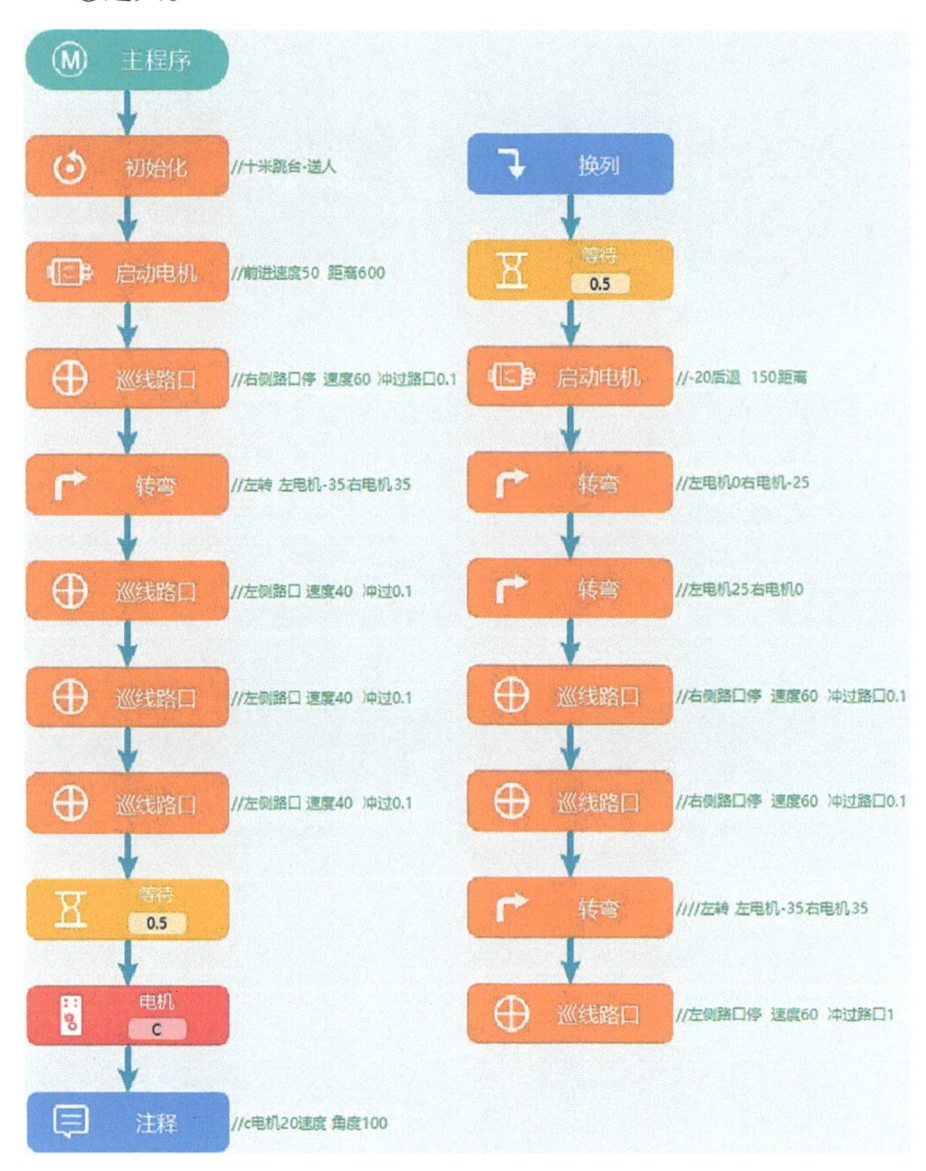

主程序

- 初始化　　//十米跳台·送人
- 启动电机　//前进速度50 距离600
- 巡线路口　//右侧路口停 速度60 冲过路口0.1
- 转弯　　　//左转 左电机-35 右电机35
- 巡线路口　//左侧路口 速度40 冲过0.1
- 巡线路口　//左侧路口 速度40 冲过0.1
- 巡线路口　//左侧路口 速度40 冲过0.1
- 等待　0.5
- 电机　C
- 注释　　　//c电机20速度 角度100

- 换列
- 等待　0.5
- 启动电机　//-20后退 150距离
- 转弯　　　//左电机0 右电机-25
- 转弯　　　//左电机25 右电机0
- 巡线路口　//右侧路口停 速度60 冲过路口0.1
- 巡线路口　//右侧路口停 速度60 冲过路口0.1
- 转弯　　　////左转 左电机-35 右电机35
- 巡线路口　//左侧路口停 速度60 冲过路口1

十米跳台送人程序设想

②跳水。

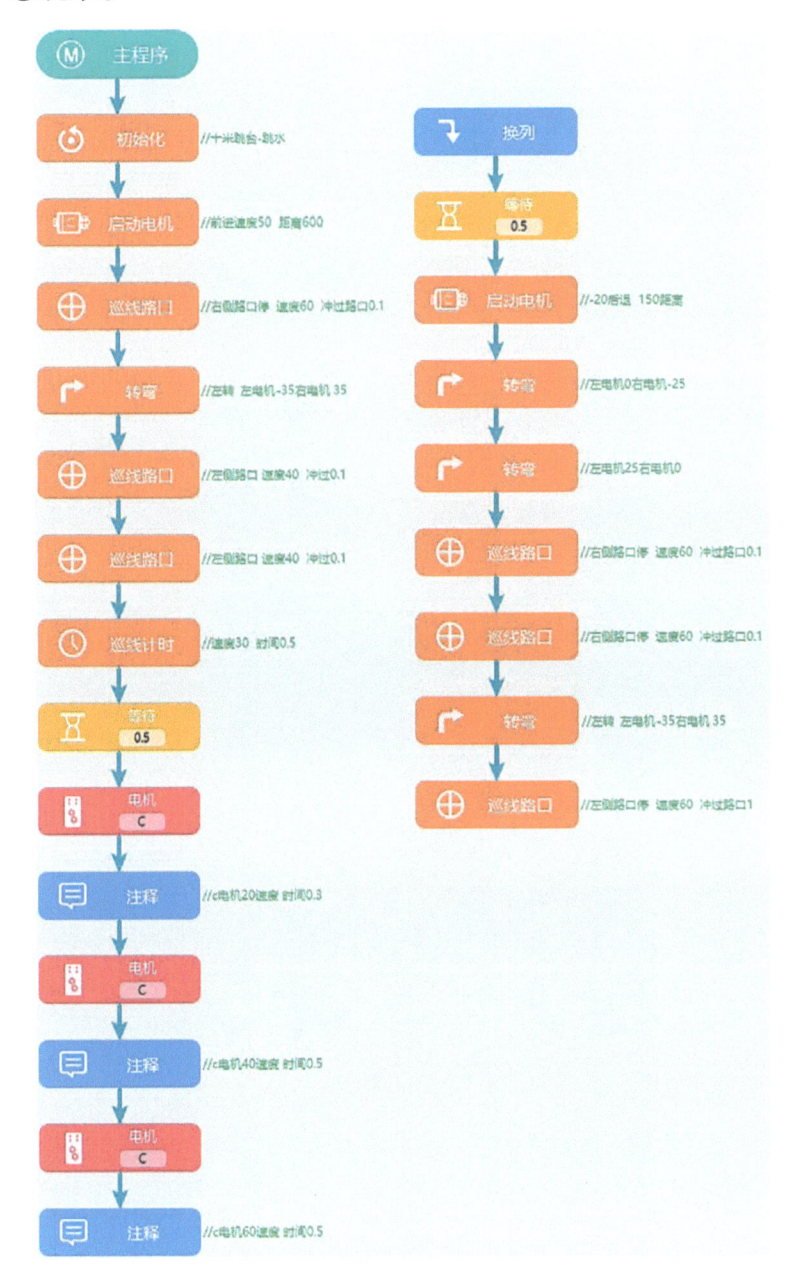

十米跳台跳水程序设想

参考设想练习编程并进行测试，然后修改完善程序。